第一推动丛书: 宇宙系列
The Cosmos Series

时间简史续编
Stephen Hawking's A Brief History of Time

[英] 史蒂芬·霍金 著 吴忠超 胡小明 译
Stephen Hawking

CTS K 湖南科学技术出版社

THE
FIRST
MOVER

总序

《第一推动丛书》编委会

科学，特别是自然科学，最重要的目标之一，就是追寻科学本身的原动力，或曰追寻其第一推动。同时，科学的这种追求精神本身，又成为社会发展和人类进步的一种最基本的推动。

科学总是寻求发现和了解客观世界的新现象，研究和掌握新规律，总是在不懈地追求真理。科学是认真的、严谨的、实事求是的，同时，科学又是创造的。科学的最基本态度之一就是疑问，科学的最基本精神之一就是批判。

的确，科学活动，特别是自然科学活动，比起其他的人类活动来，其最基本特征就是不断进步。哪怕在其他方面倒退的时候，科学却总是进步着，即使是缓慢而艰难的进步。这表明，自然科学活动中包含着人类的最进步因素。

正是在这个意义上，科学堪称为人类进步的“第一推动”。

科学教育，特别是自然科学的教育，是提高人们素质的重要因素，是现代教育的一个核心。科学教育不仅使人获得生活和工作所需的知识和技能，更重要的是使人获得科学思想、科学精神、科学态度以及科学方法的熏陶和培养，使人获得非生物本能的智慧，获得非与生俱来的灵魂。可以这样说，没有科学的“教育”，只是培养信仰，而不是教育。没有受过科学教育的人，只能称为受过训练，而非受过教育。

正是在这个意义上，科学堪称为使人进化为现代人的“第一推动”。

近百年来，无数仁人志士意识到，强国富民再造中国离不开科学技术，他们为摆脱愚昧与无知做了艰苦卓绝的奋斗。中国的科学先贤们代代相传，不遗余力地为中国的进步献身于科学启蒙运动，以图完成国人的强国梦。然而可以说，这个目标远未达到。今日的中国需要新的科学启蒙，需要现代科学教育。只有全社会的人具备较高的科学素质，以科学的精神和思想、科学的态度和方法作为探讨和解决各类问题的共同基础和出发点，社会才能更好地向前发展和进步。因此，中国的进步离不开科学，是毋庸置疑的。

正是在这个意义上，似乎可以说，科学已被公认是中国进步所必不可少的推动。

然而，这并不意味着，科学的精神也同样地被公认和接受。虽然，科学已渗透到社会的各个领域和层面，科学的价值和地位也更高了，但是，毋庸讳言，在一定的范围内或某些特定时候，人们只是承认"科学是有用的"，只停留在对科学所带来的结果的接受和承认，而不是对科学的原动力——科学的精神的接受和承认。此种现象的存在也是不能忽视的。

科学的精神之一，是它自身就是自身的"第一推动"。也就是说，科学活动在原则上不隶属于服务于神学，不隶属于服务于儒学，科学活动在原则上也不隶属于服务于任何哲学。科学是超越宗教差别的，超越民族差别的，超越党派差别的，超越文化和地域差别的，科学是普适的、独立的，它自身就是自身的主宰。

湖南科学技术出版社精选了一批关于科学思想和科学精神的世界名著，请有关学者译成中文出版，其目的就是为了传播科学精神和科学思想，特别是自然科学的精神和思想，从而起到倡导科学精神，推动科技发展，对全民进行新的科学启蒙和科学教育的作用，为中国的进步做一点推动。丛书定名为“第一推动”，当然并非说其中每一册都是第一推动，但是可以肯定，蕴含在每一册中的科学的内容、观点、思想和精神，都会使你或多或少地更接近第一推动，或多或少地发现自身如何成为自身的主宰。

出版30年序
苹果与利剑

龚曙光

2022年10月12日

从上次为这套丛书作序到今天，正好五年。

这五年，世界过得艰难而悲催！先是新冠病毒肆虐，后是俄乌冲突爆发，再是核战阴云笼罩……几乎猝不及防，人类沦陷在了接踵而至的灾难中。一方面，面对疫情人们寄望科学救助，结果是呼而未应；一方面，面对战争人们反对科技赋能，结果是拒而不止。科技像一柄利剑，以其造福与为祸的双刃，深深地刺伤了人们安宁平静的生活，以及对于人类文明的信心。

在此时点，我们再谈科学，再谈科普，心情难免忧郁而且纠结。尽管科学伦理是个古老问题，但当她不再是一个学术命题，而是一个生存难题时，我的确做不到无动于衷，漠然置之。欣赏科普的极端智慧和极致想象，如同欣赏那些伟大的思想和不朽的艺术，都需要一种相对安妥宁静的心境。相比于五年前，这种心境无疑已时过境迁。

然而，除了执拗地相信科学能拯救科学并且拯救人类，我们还能有其他的选择吗？我当然知道，科技从来都是一把双刃剑，但我相信，科普却永远是无害的，她就像一只坠落的苹果，一面是极端的智慧，一面是极致的想象。

我很怀念五年前作序时的心情，那是一种对科学的纯净信仰，对科普的纯粹审美。我愿意将这篇序言附录于后，以此纪念这套丛书出版发行的黄金岁月，以此呼唤科学技术和平发展的黄金时代。

出版25年序
一个坠落苹果的两面：极端智慧与极致想象

龚曙光

2017年9月8日凌晨于抱朴庐

连我们自己也很惊讶，《第一推动丛书》已经出了25年。

或许，因为全神贯注于每一本书的编辑和出版细节，反倒忽视了这套丛书的出版历程，忽视了自己头上的黑发渐染霜雪，忽视了团队编辑的老退新替，忽视了好些早年的读者已经成长为多个领域的栋梁。

对于一套丛书的出版而言，25年的确是一段不短的历程；对于科学研究的进程而言，四分之一个世纪更是一部跨越式的历史。古人“洞中方七日，世上已千秋”的时间感，用来形容人类科学探求的日新月异，倒也恰当和准确。回头看看我们逐年出版的这些科普著作，许多当年的假设已经被证实，也有一些结论被证伪；许多当年的理论已经被孵化，也有一些发明被淘汰……

无论这些著作阐释的学科和学说属于以上所说的哪种状况，都本质地呈现了科学探索的旨趣与真相：科学永远是一个求真的过程，所谓的真理，都只是这一过程中的阶段性成果。论证被想象讪笑，结论被假设挑衅，人类以其最优越的物种秉赋——智慧，让锐利无比的理性之刃，和绚烂无比的想象之花相克相生，相否相成。在形形色色的生活中，似乎没有哪一个领域如同科学探索一样，既是一次次伟大的理性历险，又是一次次极致的感性审美。科学家们穷其毕生所奉献的，不仅仅是我们无法发现的科学结论，还是我们无法展开的绚丽想象。在我们难以感知的极小与极大世界中，没有他们记历这些伟大历险和极致审美的科普著作，我们不但永远无法洞悉我们赖以生存的世界的各种奥秘，无法领略我们难以抵达世界的各种美丽，更无法认知人类在找到真理和遭遇美景时的心路历程。在这个意义上，科普是人类极端智慧和极致审美的结晶，是物种独有的精神文本，是人类任何其他创造——神学、哲学、文学和艺术都无法替代的文明载体。

在神学家给出"我是谁"的结论后，整个人类，不仅仅是科学家，也包括庸常生活中的我们，都企图突破宗教教义的铁窗，自由探求世界的本质。于是，时间、物质和本源，成为了人类共同的终极探寻之地，成为了人类突破慵懒、挣脱琐碎、拒绝因袭的历险之旅。这一旅程中，引领着我们艰难而快乐前行的，是那一代又一代最伟大的科学家。他们是极端的智者和极致的幻想家，是真理的先知和审美的天使。

我曾有幸采访《时间简史》的作者史蒂芬·霍金，他痛苦地斜躺在轮椅上，用特制的语音器和我交谈。聆听着由他按击出的极其单调的金属般的音符，我确信，那个只留下萎缩的躯干和游丝一般生命气息的智者就是先知，就是上帝遣派给人类的孤独使者。倘若不是亲眼所见，你根本无法相信，那些深奥到极致而又浅白到极致，简练到极致而又美丽到极致的天书，竟是他蜷缩在轮椅上，用唯一能够动弹的手指，一个语音一个语音按击出来的。如果不是为了引导人类，你想象不出他人生此行还能有其他的目的。

无怪《时间简史》如此畅销！自出版始，每年都在中文图书的畅销榜上。其实何止《时间简史》，霍金的其他著作，《第一推动丛书》所遴选的其他作者的著作，25年来都在热销。据此我们相信，这些著作不仅属于某一代人，甚至不仅属于20世纪。只要人类仍在为时间、物质乃至本源的命题所困扰，只要人类仍在为求真与审美的本能所驱动，丛书中的著作便是永不过时的启蒙读本，永不熄灭的引领之光。

虽然著作中的某些假说会被否定，某些理论会被超越，但科学家们探求真理的精神，思考宇宙的智慧，感悟时空的审美，必将与日月同辉，成为人类进化中永不腐朽的历史界碑。

因而在25年这一时间节点上，我们合集再版这套丛书，便不只是为了纪念出版行为本身，更多的则是为了彰显这些著作的不朽，为了向新的时代和新的读者告白：21世纪不仅需要科学的功利，还需要科学的审美。

当然，我们深知，并非所有的发现都为人类带来福祉，并非所有的创造都为世界带来安宁。在科学仍在为政治集团和经济集团所利用,甚至垄断的时代，初衷与结果悖反、无辜与有罪并存的科学公案屡见不鲜。对于科学可能带来的负能量，只能由了解科技的公民用群体的意愿抑制和抵消：选择推进人类进化的科学方向，选择造福人类生存的科学发现，是每个现代公民对自己，也是对物种应当肩负的一份责任、应该表达的一种诉求！在这一理解上，我们不但将科普阅读视为一种个人爱好，而且视为一种公共使命！

牛顿站在苹果树下，在苹果坠落的那一刹那，他的顿悟一定不只包含了对于地心引力的推断，也包含了对于苹果与地球、地球与行星、行星与未知宇宙奇妙关系的想象。我相信，那不仅仅是一次枯燥之极的理性推演，也是一次瑰丽之极的感性审美……

如果说，求真与审美是这套丛书难以评估的价值，那么，极端的智慧与极致的想象，就是这套丛书无法穷尽的魅力！

是先有鸡呢，还是先有蛋？

宇宙有开端吗？

如果有的话，在此之前发生过什么？

宇宙从何处来，

又往何处去？

——史蒂芬·霍金

前言

史蒂芬·霍金

1992年1月

我写《时间简史》时最主要的目的，是要告诉大家在理解制约宇宙的定律方面当代最新的进展。如果能用一种简单的方式而且不用方程式来解释这些基本观念，我想别人也会和我一样感到兴奋和赞叹。我听说，每用一道方程式都会使书的销售数目减半。但是这没有关系。如果你要做统计就必须用到方程式，不过这些是数学枯燥的部分。大多数有趣的观念用文字或图画就能表达了。

我当然希望该书会成功并可获得适量的金钱。我在1982年开始写此书时，是想为我女儿的学费做些筹备。然而我从未想到这本书会这么成功。从1988年4月愚人节首版以来，此书已在世界各地被翻译成30种文字，并出售了大约550万册。这也就是说，在全世界平均每900个人拥有一册。为什么这些人都要买它呢？有许多人试图解释这种现象。有些意见认为，人们虽然买这本书，但是实际上并不读，懂的人就更少了。有人认为他们只是要让人家看到他们有这本书，或者又有人认为他们以拥有该书而感到自我安慰，因为不必努力阅读就能拥有知识。

也许我不是客观的仲裁者，但是我认为这不是全部真相。不管我到全世界的任何地方旅行，人们总会上前来告诉我，他们是如何的欣赏这本书。这些人都是一般人，不是爱赶时髦的那种人或是科学怪人。他们之中大多数似乎都读过这本书，有些人还读了许多遍。他们也许不能理解所读的每一处细节。如果他们能的话，就已经有资格开始攻读理论物理的博士学位了。但是，我希望他们感到与一些重大的物理问题之间并没有隔阂，而且如果他们努力一下就能理解得更多。我认为有些批评者过于自命不凡，贬低了一般大众。这些批评者自以为非常聪明：如果连他们都不能完全理解我的书，则凡人就更没指望了。

对于一本书而言，虽然销售550万册是伟大的成功，但仍然只触及一小部分人群。电影和电视才是接触更广大读者的唯一途径。这就是在本书初版6个月后，高登·弗利曼找我来拍一部电影时，我也就欣然接受的原因。我曾想象这部影片会几乎全部是有关科学并附大量图解的纪录影片。然而，当他们开始制作时，整部影片像是全部变成有关我的生平的传记，而很少涉及科学。当我表示不满时，他们告诉我：你心目中的这类电影只能吸引少数人，为了吸引广大观众，必须把科学和你的生平结合在一起。我半信半疑。我以为这只是一个借口，用来达到拍摄传记片的目的，这是我早先曾否决过的事情。和导演埃洛尔·莫雷斯共事的经验使我信服：在电影界他算是凤毛麟角的相当正直的人。如果有任何人选能制作一部人人想看而又不失原书宗旨的电影，则非他莫属。

这本《时间简史续编》是为了提供背景知识给原书的读者或这部影片的观众。这本书比影片容纳了更多的资料，并包含影片中的照片和影片中科学思想的阐释。此书是原书之电影之书。我不知道，他们是否在计划一部原书之电影之书之电影。

译者序

吴忠超　胡小明
1992 年 4 月 25 日
佛罗里达州罗德岱堡

宇宙学是当代发展最神速的尖端科学前沿之一。人类对宇宙的关注可以追溯到文明的开端，而人们对宇宙的神秘感可以说是与生俱来。霍金的《时间简史》在全世界受欢迎的程度便是最有力的证明。

当代宇宙学家经过十年的努力，建立了量子宇宙学的新学科。霍金和他的合作者提出的宇宙无边界设想是它的一块基石。它在双重意义上回应了宇宙学的挑战。第一，宇宙是包容一切的，在它的外面不能有任何东西，甚至应该说，它没有外面。第二，宇宙是唯一的，它不是可以任意赋予初始条件或边界条件的一般系统。宇宙的演化服从科学定律表明理论的自洽性，而宇宙的无边界性表明理论的自足性。

霍金和彭罗斯的奇性定理表明只能用量子引力来描述宇宙的创生。宇宙的波函数可以避免时空奇性。时空概念在宇宙之外没有任何意义，而在宇宙的开端遭受剧烈的改变。为了摒弃宇宙之外的观察者，人们还必须用退相干(decoherence)来解释为何我们观察到的时空是经典的，而抛弃半个世纪以来沿用的哥本哈根解释。宇宙学历来是孕育新观念和新思想的摇篮，它的每一个新成果都会对人类的传统产生震撼，这种现象将会贯穿于人类文明的整个过程。宇宙学当前面临的最大问题是宇宙的存在性。

作为宇宙学不可争议的权威，霍金的研究成就和生平一直吸引着广大的读者，影片《时间简史》和本书《时间简史续编》正由此应运而生。对于非科学专业的读者，这是享受人类文明成果的好机会。而对于各领域的专家，本书无疑是他们宝贵灵感的源泉之一。这就是我们翻译本书的初衷。

目录

第1章

1942年1月，在法兰克·霍金和伊莎贝尔·霍金的第一个孩子即将降生之际，纳粹空军正狂轰滥炸英格兰的城市。伦敦几乎夜夜不停地遭受到空袭。这迫使霍金一家，为了使他们的孩子能在一块安全乐土上诞生，搬离海格特的家园，而迁到牛津避难。

他们在史蒂芬诞生后又回到了伦敦，一直在那里住到1950年。后来他们搬到伦敦北部20英里（1英里≈1.6千米）的教堂城——圣阿尔班斯，她在那里把史蒂芬、玛丽（出生于1943年）、费利珀（出生于1946年）和爱德华（出生于1955年）抚养长大。

伊莎贝尔·霍金

我们非常幸运，实在非常幸运——我是指我们一家，包括史蒂芬和每一个人。人人都饱受灾难，但重要的是我们活了下来，而有些人却从此音信杳然。

飞行中的炸弹是非常恐怖的。它们在天空吱吱作响，突然间沉寂

伊莎贝尔·霍金是史蒂芬·霍金的母亲，她已年近八十。史蒂芬的外祖母生了7个孩子，祖母生了包括史蒂芬的父亲法兰克·霍金一共5个孩子。在霍金家族的最后一次团聚中共有83名成员出席。法兰克·霍金于1986年去世，他是英国药物研究所的医生兼热带病生物学家。20世纪30年代，伊莎贝尔在牛津研究哲学、政治和经济学

了下来。这时你就开始估算它花多长时间落下。我忘记了这个时间的长短。倘若你听到爆炸声，你就意识到没被炸着，便可以安然无恙地回家吃饭或做点别的。

所以，我们决定史蒂芬最好是在牛津出世。我在产前一周就到了牛津。我们先去找一个旅馆，但是他们说："你随时都可能生产，所以不能待在这里。"所以我必须搬到医院去。我在医院时，做了一些工作，而且得到一张书券，所以就去布勒克威尔书店买了一本星象图。

我的小姑说："你做这件事情真是未卜先知。"

史蒂芬·霍金

我出生于1942年1月8日，刚好是伽利略逝世300周年后的同一天。然而，我估计了一下，大约有20万个婴儿在同一天诞生，不知道其中有没有后来对天文学感兴趣的人。

尽管我的父母亲在伦敦生活，我却是在牛津诞生的。这是因为牛津在战时是个出生的好地方：德国人同意不轰炸牛津和剑桥，英国以不轰炸海德堡和哥廷根作为回报。可惜的是，这类文明的措施不能扩及更大的范围。

我父亲是在约克郡长大的。他的父母在20世纪初破产了，但还是设法把他送到牛津学医。我母亲在苏格兰格拉斯哥诞生，和我父亲的家庭一样并不富裕。尽管如此，他们还是把她送到了牛津。

在牛津学习结束后，她做过各式各样的事，包括她所不喜欢的查税员，之后又放弃这差事去做秘书。这就是她在战争早期邂逅我父亲的缘由。

我是相当正常的小男孩，很慢才学会阅读，但对事物的来龙去脉却非常有兴趣，在校的成绩从未在中等以上（这是一所精英学校）。我12岁时，一位朋友跟另一位朋友用一袋糖果打赌，说我永远不可能成材。我不知道这个赌的输赢是否已被敲定。如果是，究竟是哪一方赢了？

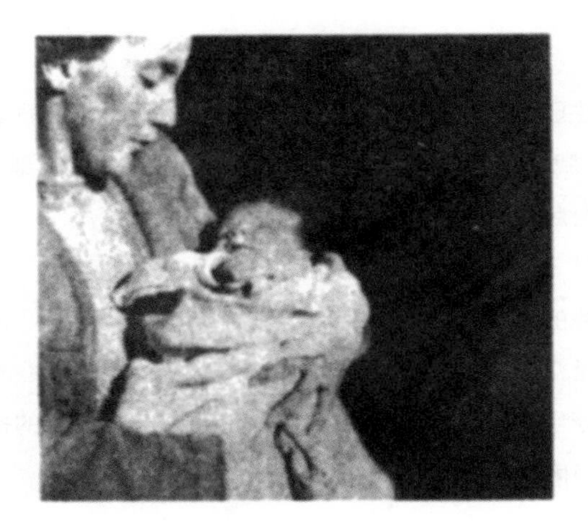

伊莎贝尔和史蒂芬在1942年

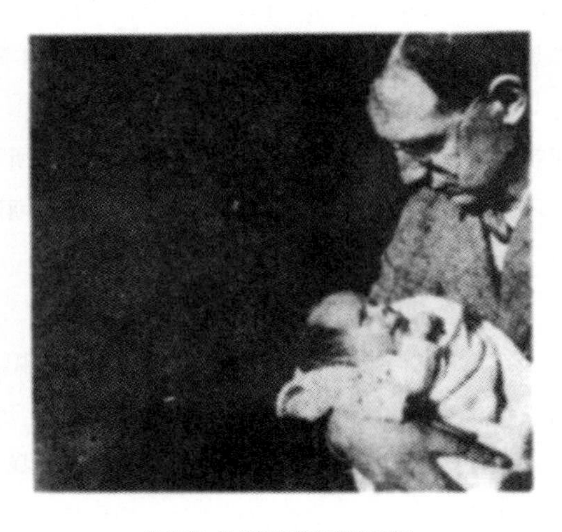

法兰克·霍金和史蒂芬在1942年

珍娜·韩福瑞

我的第一个记忆是伊莎贝尔沿着北路推着一辆相当陈旧的摇篮车，里面躺着史蒂芬和玛丽。因为这两个小孩有很大的头和粉红色的脸颊，所以非常引人注目。他们的一切和常人看起来都不一样。

1946年史蒂芬和他的妹妹玛丽。“他们有很大的头和粉红色的脸颊，所以非常引人注目。”

伊莎贝尔·霍金

史蒂芬在某些方面肯定是非常能干的，但不是所有方面。他相当晚才学会阅读，他妹妹就快得多；但他总是很多话，也富有想象力，这方面比数学方面发展得更快。他喜欢音乐和演戏。有一件事他记得最清楚，我们带他去看过班杰明·布莱顿的《让我们演歌剧》的首演。

珍娜·韩福瑞受过一般医学和精神病学的训练，现为一位开业的弗洛伊德分析专家。她的父亲约翰和史蒂芬·霍金的父亲在同一研究所工作。当西蒙·汉弗莱和史蒂芬·霍金在海格特同一所小学上学时，汉弗莱一家认识了霍金一家。1959年当霍金一家的其他人都到印度生活时，由于史蒂芬在上圣阿尔班斯学校，所以在汉弗莱家住了1年

我想因为史蒂芬相当懒惰，加上他又有许多自己爱做的事，所以从未在音乐方面有过任何发展。

基本上他们只不过是孩子，我们比较注意的是我丈夫的才干而不是史蒂芬的。尽管如此，史蒂芬一开始就是个自学者。如果他不想学什么东西则多半是他不需要。他大体上像是一张吸墨纸，把什么都吸收进去，我们经常把他和妹妹带到南肯辛顿的博物馆去。我把他留在科学博物馆，把玛丽留在自然历史博物馆。费利珀从小就非常爱艺术，我就把她带到维多利亚和阿尔伯特博物馆。因为她当时最小，我就和她待在一起，而让其他的孩子去逛。他们没有任何人想到另外的博物馆去，他们根本就不一样。

史蒂芬从未受到他父亲工作的影响，他对生物学从来就毫无兴趣，他不要宠物。他从小就爱制造东西并且非常多话。

玛丽·霍金

史蒂芬曾计算过，共有11种进屋子的方法。我只能找到其中10种，迄今仍然不知道这第11种是什么。屋子的北边是一间自行车库房，前后各有一扇门。在这上面是一扇通到L形状房间的窗户。你可以在前面绕过一个角落爬到屋顶上去，而从那一层你可以爬到主屋顶上去。我想这儿是史蒂芬进屋的方法之一，正如我说过的，他是比我强得多的攀登者。我们不清楚哪里还有其他的方法。它们不可能是门廊的上方。这个门廊在当时都已经相当腐朽了，上面有许多玻璃。门后面是温室，它其实在那时候就已经倒塌了，每次刮风的时候总有一些玻璃片落下来。

爱德华·霍金

这房子令人印象最深的是篱笆。我曾好几次说服父亲把它拉倒而让矮树长大，但是他坚持要修补这个篱笆。他不愿意花任何钱，而是东拼西凑地到处拣一些木条，就把它们钉上去。

我把朋友带到家里时总有点难为情。前门曾经一度显得非常优雅，上面的有些彩色玻璃已经破碎。他通常不去更换这些玻璃，而是用填充品或黏土拼拼凑凑、涂涂抹抹。墙纸虽然华丽，却也够令人难为情的。天才晓得它贴在那里有多久了。

1945年8月的抗日胜利日，3岁的史蒂芬和他的姑妈梅雷尔——法兰克·霍金的姐姐在一起

1946年史蒂芬和玛丽在海滩上玩耍

玛丽·霍金比她哥哥史蒂芬小18个月，在伦敦的圣·巴兹学习医学，现在是丹斯特布尔的全科开业医生

霍金在圣阿尔班斯的房子

这是一幢非常大的、阴暗的房子。它就像闹鬼似的那么恐怖。我在冬天早晨醒来时，房间里结满了厚霜。家里有一台不能正常工作的

一度“非常优雅的”霍金家前门

爱德华·霍金比他的哥哥史蒂芬小14岁。他在伦敦北部大约30英里处的卢顿开一间小建筑行

散热器，它被大厅里的一台储热器所取代。所有卧室都有火炉，在每间房里都生火当然是不实际的，所以我们只在楼下生火。

这整幢房子也许有点像大怪物。但是不管怎么说，因为这是我们的家，所以我们喜欢它。

伊莎贝尔·霍金

在圣诞节期间，我们通常去看童话剧。有一回他们演《阿拉丁》，其中有阿拉丁的宫殿魔术般升天的一幕。

我们离开戏院后，史蒂芬要去找这座宫殿，所以花了很长时间才到家。他那时已经知道，升上去的东西一定会落下来，而在汉姆斯达德的某处可以找到这座宫殿。我们花了很长时间才说服他，事情并非如此。

他一直告诉我，在一处叫做德伦的地方有一幢想象中的房子。他老想坐公共汽车去那里。我们只能阻止他。

有一回我们去汉姆斯达德·希斯的肯伍德宫，史蒂芬忽然意识到，这便是他在德伦的房子。他用平静的语调告诉我这真的就是那房子，他显然对此梦寐已久！

珍娜·韩福瑞

史蒂芬非常可爱、活泼和富有情感，不过他的语言不能和他的思

史蒂芬想象中的“德伦”的房子：汉姆斯达德·希斯的肯伍德宫

维同步。有时他讲话会结巴。他和我儿子西蒙同岁，但他长得比较小。我记得有一回他沿着北街放学回家，其他一些小孩开始揶揄他，而史蒂芬全然不顾自己的个子小，回过头来挥拳威胁他们。这就是他的作风，他不输给任何人。

伊莎贝尔·霍金

我想他在圣阿尔班斯学校一年级的成绩是倒数第3名。我说：“史蒂芬，你真的这么差吗？”他说：“其他许多人也好不到哪里去！”他根本不在乎。

虽然他在学校里成绩不好，但是总被认为非常聪明。有一年他甚至得了神学奖，因为在他非常年幼时他父亲就一直讲圣经故事给他听，所以得奖并不使人意外。他对这些故事非常熟悉。他通晓教义，虽然他现在很少参加宗教活动。

玛丽·霍金

父亲的专业是热带病学。他经常做野外工作，通常是在年初，因为这是非洲的最佳季节。所以我总有印象，父亲像候鸟，总是过完圣诞节就消失了踪迹，一直到季节回暖时才回来。别人的父亲在这段时间还住在家，反而使我相信别人的父亲有点古怪。他归来时总带回一些奇妙的东西，木刻的动物、豪猪毛以及木瓜等。

伊莎贝尔·霍金

我丈夫兴趣非常广泛，而医学只是其中之一。其实医学不是他所真正感兴趣的，他开业当医生一定不行。他所感兴趣的是研究，几乎可以研究任何东西，只是碰巧选了医学，而他生命中的特殊境遇使他去进行热带病研究。他也很幸运，因为他在1937年得到一份奖学金，使他能在非洲做两年睡病虫的研究。

由于他每年冬天要去非洲大约3个月，所以我们家大部分时间都是单亲家庭。他和史蒂芬并不经常见面，但是他的确把史蒂芬的兴趣引向了天文学。我记得我们大家都躺在草地上用望远镜观看星空奇观。史蒂芬总是能感受到奇妙的事物，我看得出来，星星很吸引他，而且他的想象力驰骋到星空之外。

约翰·马克连纳汉

我和史蒂芬从大约10岁或11岁时就认识。我对这个家庭和房子最早的记忆是，维格纳的音乐在巨大的客厅里回响。他们对维格纳极其着迷。回忆起他的家庭多半是他们如何与众不同，现在回想起来，也许比我当初想的更不寻常。

回想起来几乎同样令人惊讶的是，史蒂芬显然变得非常聪明。这在他上小学时并没有很多征兆。他的动作不协调，我想他一直是这样的。他在学校的成绩不好。

约翰·马克连纳汉10岁时在圣阿尔班斯学校认识史蒂芬，上了不同大学后两人失去联系，后来在剑桥又成为朋友。他获得工程博士学位，现任伦敦国王基金学院的行政职务

玛丽·霍金

我们把蜜蜂养在地下室里，有一天淘汰多余母蜂的正常自然过程不知出了什么问题，结果一直在产生母蜂，最多的时候我们有了6群或7群蜜蜂。母亲必须不停地收集这些蜂群，不知道该把它们安置到什么地方。最后她把其中一些放到地窖外的一个入口，当蜂巢都用尽时，那似乎是个好地方。但是刚好那天夜里我们的房客把自己锁在门外，并想从这入口进来。侥幸的是那时天很暗，这些蜜蜂都很困了。

贝西尔·金

那时我知道的同学中唯有史蒂芬需要一本字帖，因为他的字实在太糟了。他收到的一本字帖是用铜版字体写的一些句子，在每个句子下都有5~6行空白以便临摹。我不知道他持续了多久，或者他应该持续多久。但这是他字写得无比糟糕的证据。

我还记得有几次拜访霍金家的情景。他家的习惯是这样：如果邀请你留下吃饭，就会让你和史蒂芬交谈，而这个家庭的其余成员会坐在桌子边上看书。在我的社交圈里这是不被认可的行为，但这在霍金家是被容忍的，因为他们是公认的与众不同、极有智慧、非常聪明的人，就是有点怪。

我还非常清楚地记得，史蒂芬的父亲法兰克为了保暖坐到一个封闭的燃烧炉子前面，还在平常穿的衣服之外再罩上睡袍。法兰克·霍金有非常严重的口吃。我们大家都相信，霍金一家是这么聪明，以至

贝西尔·金是史蒂芬·霍金在圣阿尔班斯的同学和好朋友，他现在是专治儿科热带病的医生，在肯尼亚的一个国际慈善机构工作

于他们的言语跟不上他们的思想，这就是他们为何口吃，为何结巴，为何他们以这种相当笨拙的方式说话。我想你在这个家庭的其他成员身上也能看到这一点。那时在史蒂芬身上也能看到这一点。

约翰·马克连纳汉

房子里摆满了书和书架。大部分书架都里外放两层，书架中书顶上又平摆着书。

史蒂芬的父亲，至少对我来说，是相当遥远的人物。我想他是非常害羞的。不管是他自己的还是别人的孩子，他都不知道如何打交道。我想，他那时候似乎生活在不太一样的层面上，把大部分精力花在工作上，照料一幢大而乱七八糟的房子，用不多的收入来支撑一个中等大小的家庭。

史蒂芬的母亲较热情，虽然或许也有些害羞。我的印象是她把大部分精力花在管这幢房子、管孩子，这是因为史蒂芬的父亲经常到海外旅行。

我在那里总是受到欢迎，我数不清我们在彼此家里吃了多少顿正餐。这些都是即兴的事，我们不需要邀请。我们也许一起放学回家然后热衷于交谈，以至于决定不愿回家。

史蒂芬的母亲比我母亲烧菜更会花样翻新，这对我来说也是有趣的。我清楚记得第一次吃到烩饭的情景，现在这并没什么稀罕，但是那时候我从未吃过。

伊莎贝尔·霍金

我们早先有一辆马戏车，放在奥斯明顿磨坊的牧场。虽然我们买的时候嫌它到处都是臭虫，但它很漂亮。它有双层表皮，所有臭虫都躲在夹层。可是我们把它喷药消毒过，从此就再也没有臭虫了。

我们把它放在牧场，还用一顶巨大的军用帐篷罩住，有好几年我们几乎所有假日都在那里度过。孩子们在那里非常快乐。我们只要走100码（1码≈0.9米）就可以到有很多石头的海滩去。

我们对野外活动上瘾到如此程度，以至于在1953年女皇加冕那天还把孩子带到马戏车那边去。从此他们显然不能谅解此事。因为当其他人都到街上聚会狂欢时，他们这一次举国欢腾的经验却被剥夺了。我们向来不擅长聚会狂欢之类的事。当我丈夫说“快点，现在要去海滩”时，玛丽说她正在收听收音机中加冕的消息。

孩子们就只好违背了他们自己的意愿，被迫到野外去。

我们通常是开一辆计程车去那里，我们买了一辆伦敦计程车来代步；这是在市面上买得到车子之前的事。我们买的是二手车，并把一张桌子放在当中，两个孩子坐这边，另两个孩子坐那边，他们可以玩牌。他们在路途中做什么都可以。

约翰·马克连纳汉

那时候，我们用霍金家的车子做过多次远足。这是一辆伦敦的计程车，非常破旧的战后计程车。我们有一回穿过开阔的原野到少女城堡航海，史蒂芬的母亲在前面驾车，而包括我在内的三四个小孩在后头越过这辆敞篷计程车顶向外眺望。前面没有罩，而后面的罩被折叠起来，所以我们完全暴露在外。车子以非常接近极限的每小时大约40英里的速度向前飞奔。

我觉得，这个家庭就是会做那些古怪的事。我们没有小轿车。那时候大多数英国人都没有，除了非常富裕的人以外。而拥有一辆破破烂烂的旧伦敦计程车更显得与众不同。

1952年8月史蒂芬、玛丽和费利珀在马车前

玛丽·霍金

史蒂芬沉湎于书本，这给我留下了非常清晰的印象。我不知道他在看什么书，在身边还放了一筒饼干。你不会引起他的注意。他完全被书吸引住了，而饼干也就不知不觉地吃光了……我想，当他从书中抬起头来时一定会非常惊讶地发现，饼干已被吃光了！

伊莎贝尔·霍金

他甚至从很小的时候起，如果对某种东西有兴趣，就会百分之百地专注。我记得有一次，他坐上他农村亲戚的拖拉机或是某种农耕机研究零件构造时，其他孩子真的爬到他的头上，而他根本就毫无感觉。

迈可·丘吉尔

我上三年级时才第一次见到他。他是班上最优秀的学生之一，是6~8个聪明学生中的一个，但他不是最顶尖的，他只是顶尖的学生之一。他衣服散乱，衣领上有墨水印——很容易相处，不过身体弱小。他在洗澡时常被取笑，组队时常是最后一个被选上。但他毫不在乎，而且自我欣赏。

他讲话非常快，几乎是不连贯的。而且他有一种特别的语言，一种压缩词汇的讲话方式，有时颇有创意。我记得有一回他把“侧影轮廓”有趣地压缩成“撕影”。

1957年，迈可 · 丘吉尔在圣阿尔班斯学校遇到史蒂芬 · 霍金。当丘吉尔在牛津学艺术时两人失去联系，后来又恢复了友谊。现在丘吉尔放弃伦敦的《独立报》的通讯员工作，成为一名自由记者

伊莎贝尔 · 霍金

他13岁时得了一种病，这可能和后来的病有关。我们恐怕永远也不会知道了。那时诊断是腺热，病征是一阵阵的轻微发烧并且持续了很长时间。然后他似乎痊愈了，但是否完全复原我就不知道了。

玛丽 · 霍金

父亲擅长神学辩论，所以大家都习惯于争辩神学。真是一个又好又安全的课题。你不需要提出事实或者其他令人分心的东西。如果你沉迷辩论，你可以十分尽兴地争辩任何事情——包括神学以及上帝存在与否。然后若有人感到厌烦或者《太空之旅》节目播出，或诸如

此类，则辩论就中止了。

约翰·马克连纳汉

史蒂芬的父亲有间温室。我们经常在那里玩烟火。不清楚配方是从何得来的，事后回想起来，其中有些非常危险。

我们曾经有过一位深受爱戴的，但又非常严肃的英文老师，他教我们莎士比亚的戏剧。4月1日,我们中的一组人决定要使他不要像平时那么严肃。我们做好碘化钾，在过滤纸上使其干燥过后就成为雷管炸药。我们在他座椅的每一只椅脚下都放了一块，只要他进来一坐上就会爆炸。果然，他大吃一惊。我们还在他一转身就能看到的黑板位置写上从《第十二夜》摘录的诗句："难道你自以为，就因为你的德行，尘世间就不再有饮宴欢乐吗？"

他轻松愉快地接受了这一场玩笑，上帝保佑他！

伊莎贝尔·霍金

烟火既稀罕又昂贵，所以他们从前自己制造。当然是在我丈夫的完全控制之下，因此是很安全的，不过我还是不喜欢。

他们在小屋里制作，在11月5日盖·福克斯日去放烟火。孩子们以这种方式学了不少化学知识，诸如你放不同的颜色就产生不同效应。而且烟火相当有效力，史蒂芬和他父亲都十分喜欢。

史蒂芬和他父亲还一起勘察测量。我想每一个人都应试试，因为这很切合实际又可以学理论，而且可以欣赏美景。他们常到齐尔顿领地的爱文豪灯塔去勘察。他们沿着其中的一条路走，并且到各处勘察测量，还一起作记录。

迈可·丘吉尔

我并没有把他当一回事，他只是一个聪明的小鬼头。当然是一位好朋友，但不是什么先知或是对生命意义有伟大了解的人。有一天下午我们在他的房间里打发时间，那里的乱七八糟已成了笑柄，就像是疯狂科学家的房间。我们开始谈论生活和哲学等。我自以为非常高明，所以就高谈阔论。

我忽然明白了，他是在鼓动我，使我愚弄自己。那是使人丧失信心的时刻。我觉得自己被狠狠地轻视了一番。我觉得他在远处看着我并感到好笑。

我到这一刻才首次意识到，他是与众不同的，不仅是智慧、聪明、杰出、富有创见，而且是非比寻常。他无比自傲，如果这么讲也可以，一种知悉整个世界的自傲。

贝西尔·金

我们讨论生命自发产生的可能性。我想史蒂芬提出了一种看法不仅表明他思考过这问题，而且甚至计算出它的过程要多久。那时候我曾对我的朋友约翰·马克连纳汉说:“我认为史蒂芬会成为非同寻常的能人。”

约翰不同意,所以我们孩子气地用一包糖来打赌。而且,顺便提及,我断定我赌的已被证明是正确的,我应该得到报偿,但至今尚未得到。

约翰·马克连纳汉

我们3个人打了一个赌,其内容是我们之中没人会成大器,或者是其中有人会成材。我已记不清打赌的细节了。但是史蒂芬仍然坚持说,因为他出名了,而我还未送给他一包糖,所以我还欠他的。

甚至在事后回想起来也很难看出征兆。他从前就非同寻常,但是那时他的杰出才华在理论方面并不明显。但是我还记得一个故事,不知为什么我们讨论这样一个问题:如果你有一杯烫嘴的茶,先加牛奶还是后加牛奶使它凉得更快?我根本不知道如何对付这个问题。但是对于史蒂芬而言,这真是不费吹灰之力。他是这么论断的:任何热体都以和它的绝对温度4次方成比例的速率散发热量。所以史蒂芬说越迟用牛奶去稀释则冷却越快,所以你应该最后而不是最初加入牛奶。

玛丽·霍金

因为史蒂芬从12岁以后就极其认真地玩游戏,所以我就放弃和他玩了。我们玩大富翁游戏,为了使游戏更复杂,首先在板上建了许多横贯铁路。大富翁游戏还不够变化多端，他最后玩一种叫做“朝代”的可怕游戏。我说过已经放弃跟他玩游戏，所以我没玩过这游戏。就我所知，这种游戏会永远进行下去，因为没法结束它。

伊莎贝尔·霍金

就我旁观，这游戏几乎取代了他的日常生活。它要花好多个钟头。我认为是极可怕的游戏。很难想象有人能如此入迷。但是史蒂芬的思想总是很复杂，我觉得这游戏能吸引住他的原因就是它的复杂性。

约翰·马克连纳汉

史蒂芬对发明复杂游戏非常在行。相形之下，大富翁只是小孩子的玩意儿。这些游戏在一块大硬纸板上玩，纸板约3英尺 × 2英尺（1英尺≈0.3米），并分隔成许多半英寸（1英寸≈2.54厘米）见方的方格。它们多半是规则复杂的战争游戏，按照投骰结果来规定你能走多远。普通一次游戏至少要花4～5个小时，有些甚至要花1个星期分成好几次来玩。

迈可·丘吉尔

他喜欢设计规则。他最大的成就是设计一种费时的游戏，大家围着桌子投骰，要花整个晚上才能得到结果。这是一种迷宫。他喜爱这样的事实，他创造了一个世界然后又创造了统治这一世界的定律。他也爱使我们服从这些定律，并对此洋洋得意。

伊莎贝尔·霍金

我想他们是在上五年级的时候制造电脑。肯定是五年级，因为他们上了六年级以后就都太忙了。我记得他们一共有6个人，这是1957～1958年的事，电脑发展的初期。他们用了大量零件，譬如钟的内部零件等。而且这电脑真能回答问题。我们所有人都去学校参观。它造成了一阵轰动。只要你问正确的问题，多半都能得到正确的答案。

这不只是史蒂芬的功劳，他的手向来不灵巧。他会是在背后出主意的人，也许不止他一人在出主意。我想手很巧的约翰·马克连纳汉做了很多实际工作。不管怎么样，他们共同分工合作。

史蒂芬和他的自行车（1957年）

约翰·马克连纳汉

我记得，当我们制造这类电脑玩意时，他能做较复杂的操作，但是有时我安排的事，他尝试了一下就回来说："我做不了这个。"我的印象中他特别瘦长。可是我的一位大学朋友那时也是一样瘦，但他现在好好的。所以我想，史蒂芬的情形是神经和身体的习惯动作。

伊莎贝尔·霍金

他就读圣阿尔班斯学校最后一年时，我的丈夫找到一份科伦坡计划提供的差事，我们必须去印度。科学家和各种人才经由这个计划被送到印度及其他地区的研究所，和当地的人一道工作并交换知识等。所以当法兰克得到任命后，除了史蒂芬，我们一家都跟着去。他在那一年得到A等成绩，我们认为他不应该离开。

珍娜·韩福瑞

霍金一家去印度时，决定把史蒂芬留下和我们生活一年。我们有一栋大房子和一个大家庭，况且那时他不应该离开，不能说休学就休学，一年休学事关重大。他和我们一块住当然可以放心。

史蒂芬的动作相当笨拙。我记得他在擦净桌子后，推着一整车的餐具进厨房，撞上了什么东西使得整车东西都掉出来。大家全笑起来，但是在停顿了一下之后，史蒂芬笑得最大声。

但是他同时却是井井有条的，例如有一回他提议晚上跳苏格兰舞。我现在提醒你，这是一栋极寻常的房子，我们有许多空间和一间大厅。我们买了一些唱片和一本书学习怎么跳舞，史蒂芬负责此事。他坚持大家要穿西装和打领带，因为他是孩子中最大的。他是全过程的总管。

我已记不得我们多久跳一次舞，但是大家的确非常快乐。史蒂芬对此非常认真。你知道，那时他爱好跳舞。

伊莎贝尔·霍金

那期间大家和史蒂芬密切通信，我仍保存那些信件。虽然史蒂芬随手丢弃信件，但是韩福瑞一家叫他保存信件。可惜我找不到史蒂芬写的信，我想由于他不太爱写信，所以他的信相当枯燥无趣。我想，他之所以回信是因为韩福瑞博士命令他坐下，并对他说："你现在要给家里写信。"

但是那一年他和韩福瑞一家过得很好，我们在印度也过得好极了。直到最后史蒂芬才和我们团聚，那时他已经通过了牛津考试而且得到了奖学金。

第 2 章

史蒂芬·霍金

我父亲希望我去研究医学，然而我觉得生物学太偏重描述而不是基础学科。我要学数学和物理，但是我父亲认为数学除了教书别无出路。所以他叫我学化学、物理，只学一点数学。

另一个反对数学的原因，是他希望我上他的母校——牛津大学的大学学院，而那个时候该学院不教数学。1959年我如期到那里学物理。由于物理制约了整个宇宙的行为，所以我对物理最感兴趣。对我而言，数学只不过是研究物理的工具而已。

我那年级其他大部分学生都在军队中服过役，所以他们的年龄大了许多。我在牛津的第一年和第二年有时候会觉得相当孤单，直到第三年才真正地感到快乐。那时在牛津流行的态度是非常厌恶用功。你要么毫不费力地得到优秀成绩，要么就接受自己能力太差干脆拿四等成绩。经由用功而得到好成绩则被当作“灰人”的行为，这是牛津词汇中最坏的诨名。

那时牛津物理课程的安排，使得学生很容易逃避用功。我上大学前考了一次，然后在牛津过了3年只在最后考一次毕业考。我有一次计算过，在牛津的3年中，我大约总共学习了1000小时，也就是平均每天1小时。我并不以那时的不用功为傲，我只不过是描述当时的想法而已，这就是我和大部分同学共同的态度：一种百般无聊的心态，而且觉得没有任何事情值得争取。

德瑞克·鲍尼

我在大学学院的那一年共有4名学物理的：史蒂芬、高登·贝瑞、里查德·布雷安和我自己。我记得对史蒂芬的第一印象是，当高登和我在晚饭后到他屋子里找他时，他正坐在一箱啤酒前，要把那箱慢慢喝光。那时他才17岁，当然不能合法上酒吧。他很年轻即进入了牛津，他比惯例早一年就参加了奖学金的考试，当时只是想见习一下。但是令学校惊异的是他通过了考试，因此他们决定接受他，同年10月他就上了牛津。

我认为那时我们没有人知道史蒂芬到底多聪明，直到第二年我们才发觉到这一点。我们在个人指导时被分成两对，这两对的进度完全相同。有一次4个人做同样的作业,我们被指定读《电磁学》第十章。这是由很特别的作者组合布里尼夫妇合写的。该章结尾附有13个问题。我们的导师玻比·伯曼说：“尽可能完成。”

我们尝试一下以后，我很快就发现一题也做不出来。里查德是我的工作伙伴，那个星期我们一起设法解出了其中的半个题，为此我们

德瑞克·鲍尼是史蒂芬·霍金在大学学院时的四个物理同学之一，他离开牛津之后在伯里斯特尔大学作研究，现为离伦敦很近的埃萨克斯的圣十字学校校长

感到很得意。高登拒绝任何协助，自己设法解出一题。史蒂芬和往常一样还没有开始。他上学时不甚用功。

我们对他说："这习惯不好，史蒂芬，你早晨应该起床吃早饭。"他从来不吃早饭，这对他来说似乎是件大事。他沉思地盯着我们，第二天早晨他真的起床吃早饭。那天上午我们这些乖小孩跑去上9点到12点的三堂课，史蒂芬没去。我们走时大概9点或者9点差5分，因为从大学学院到实验室去上课只要5分钟的路，史蒂芬也在那时回到自己的房间去。

我们12点左右回来时，史蒂芬刚好下来。我们在学院的门口相遇。

左上　史蒂芬·霍金　　右上　高登·贝瑞
左下　里查德·布雷安　　右下　德瑞克·鲍尼

“啊，霍金！”我问道：“你做了几题？”

“哦，”他说：“我只来得及做这前面的10题。”

我们所有人都大笑起来，而他却满脸狐疑地凝视我们，这使我们全都呆住了。我们立刻意识到，他的的确确做了这前面的10题。我想，这时大家才意识到，我们和他不可能同行并进，我们就像来自于不同的星球。

派却克·沈德斯

史蒂芬对规定的作业兴趣不大。我们有一回必须教学到统计物理学，这是期终考的理论部分。我让他看一下那学期要读完的书。他瞥了一眼，似乎一开始就不喜欢。尽管如此，我坚持我们必须在第一周学完第一章，而他必须完成我指定的两个问题。

派却克·沈德斯是大学学院的研究员，也是史蒂芬·霍金的导师。他现在是牛津克拉伦顿实验室的实验物理教授

同一周在第二次辅导时，他并没有带来问题的答案，而是把他标出所有错误的那本书带来。他把书放下后，我们对此课程进行了短暂的讨论。我在那时就很清楚，他对这课程比我了解得还多。

罗伯·白曼

我第一次见到史蒂芬时，他大约还不到17岁。他的父亲是学院的老成员，他把史蒂芬带来见我，我们泛泛地谈论进学院和读物理等。事实上就我所记忆的，多半是他父亲讲话,史蒂芬并没有给我留下深刻的印象。

罗伯·白曼曾在剑桥学习，后来在牛津的物理系得到一个教职，在牛津时为史蒂芬·霍金在大学学院的学监和物理学导师

但是他的入学考试很出色，尤其是物理学。那时的一般面试是有院长和高级导师以及各种其他的学院权威参加。大家立即一致同意，他作为一位未来的大学生绝对适合，所以无异议地给他奖学金并让他读物理。

他显然是我所教过的学生中最聪明的。我从那时开始教过大约

30名学生，他的最后考试并不比其他学生好，当然考得好的学生不仅是聪明而且非常用功。史蒂芬不仅仅是聪明，他甚至不能用聪明来衡量。按照正常标准不能说他非常用功，因为这实在没有必要。他每一周都完成辅导的作业。我想我真正的作用只是监督他学习物理的进度。我不能自夸曾经教过他任何东西。

高登·贝瑞

史蒂芬也许是我在大学学院时期最了解的人。我们在一起接受指导，一周里有6个下午到河边去，晚上还一块玩桥牌。

高登·贝瑞是史蒂芬·霍金在大学学院物理辅导的伙伴和好朋友。他和霍金一样，也是一名舵手。贝瑞毕业后转到美国攻读高级学位。直到最近他一直被芝加哥大学的核子物理系和阿贡国家实验室共同雇用，现在他只为阿贡国家实验室工作，在那里管理一个4人的研究小组

我们有一位极好的物理导师玻比·伯曼，他的领域是热力学。我

想，玻比对于我们没有学到什么一定感到很失望，因为我们根本没有努力用功，而史蒂芬是分明不在乎。作为大学生，我们绝对谈不上学到很多物理知识，重要的事情是游玩和社交。我是说，这是我上牛津的原因。我想，我们的导师对于我们从未做过任何建设性的事，必定感到很沮丧。尽管如此，我所学到的热力学影响了我日后的研究，也对史蒂芬的黑洞研究有着非常重大的意义。

诺曼·狄克斯

我们过去有称作召集网的方法，就是以这种方法网罗到他。我们组织啤酒聚会或者诸如此类的事，尽可能去吸引新生来参加赛船俱乐部。

赛船是大学学院的主要活动。当史蒂芬·霍金在那里念本科时，诺曼·狄克斯是学院船长。他在牛津工作了40多年，现已退休

但是对于史蒂芬的问题，是让他担任前面八周还是后头八周的舵手。你知道，有些舵手非常爱冒险，另外一些则非常稳重，而史蒂芬是属于冒险型的；你永远不知道当他和这些水手出去时究竟会闯出什么祸来。我想有时他会把功课带到船上来；他的思维会在不同的水平上进行。

但是他有一副相当嘹亮的好嗓门，虽然不是军官的嗓门，但也够威风凛凛的。

赛船俱乐部在那个时期的活动十分活跃。他们很喜欢河流，这就够了。他们默默埋头去干，不像现在的人那样——现在划船最糟糕的事是没人输得起。他们所有人集中在一起，并且需要心理专家去分析失败原因。我觉得输掉就是因为有人比你强一些。

1961年史蒂芬·霍金在牛津为他的船掌舵

高登 · 贝瑞

关于我们怎么加入赛船俱乐部，我的记忆有些模糊。但是我想大概是他们在地窖里聚会，而我们下去喝饮料。他们说服学院里的大个子到河上试划——不管这些人以前划过船没有，然后他们再去找一些小个子。我个子不是很小，但是非常瘦。而我认为史蒂芬的个子刚好小到可以当舵手，又不够大到可以划船。我们俩人都很想去试着掌舵，就这样去了。

大学学院的赛船俱乐部成员，右边是热情奔放的史蒂芬 · 霍金（1962年）

整整3年期间，我们对河流留恋不已，且视之如命。按规定，我们每周必须有3天从上午9点到下午3点待在物理实验室里做实验。但是，史蒂芬和我理所当然一周6个下午都在河上。如果总得放弃一

大学学院物理学会成员聚会

些东西的话，那肯定是物理实验。史蒂芬和我成为收集数据极快的能手，收集最小量的数据并进行最大量的数据分析，我们显得真像做了实验似的。这就需要花些心思，我们必须使那些监督实验成果的人相信，我们按部就班地做过了，尽管他们明知道我们没待在实验室里。我们必须非常小心地完成实验报告。我们从未欺骗，但是做了大量的解释。

德瑞克·鲍尼

史蒂芬和我们其他人相比是如此之聪明，以至于我们和他相处很困难。我认为，史蒂芬和那些按照他的标准而言并不聪明的人的相处之道，是寻找自卫术，巧妙地用它来应付这些人。但是按照他的标准，甚至在牛津，我们这些人都是相当愚蠢的。而和比你愚蠢许多的人朝夕相处是十分困难的事。因此我想，你必须使自己成为非常内向的人，甚至为了自卫几乎把自己化为漫画人物。

伊莎贝尔·霍金

他没有任何异常之处，在我们看来似乎一切都很好。他走路很正常，并不用拐杖。我们从印度回来不久，在他上牛津之前，我开车带他和他弟弟一道去渥本公园。他在公园攀登树木。我想，他是在检验自己。但是我没有意识到为什么。他爬上一棵树并沿着一根树枝走，然后再下来。

高登·贝瑞

大学学院有一种方形的楼梯，它们既方又圆。有一次史蒂芬在下楼时跌倒在楼梯上，并一直弹到最底层，他撞伤得很厉害。不知他是否失去知觉——也许暂时失去了知觉——可是他的确失去记忆；他甚至不能记得自己是谁。

于是，我们把他抬到我的房间里来，让他坐在沙发上，而他的第一句问话当然是："我是谁？"

我们告诉他："你是史蒂芬·霍金。"

他紧接着又问："我是谁？"

"史蒂芬·霍金。"我们说。

两分钟之后，他记起了他是史蒂芬·霍金。但他对问过"我是谁"这件事已经记不清，而却记得他家一年前的生活。然后他问："这是什么地方？"我们告诉他"你在大学学院。你刚从楼梯上跌下来"，等等。他一面听，一面问不同的问题。他开始讲："哦，我记起来了，我是1959年上大学学院的。"而且他记得所上的课程，但是他不记得一年前发生的事，后来是不记得一个月前发生的事。就这样，我们试着告诉他大学学院在这个时期发生的事，而他说："哦，是的，我记得那些。"然后他记起了一个月前发生的事，再是一周前发生的事。

他的记忆逐渐在恢复，他本人以及我们所有人都明显看出来了，而我们只要耐心一些就是了。我们问他一些问题，看看他是否记得一周前所发生的事。

我们问："嘿，你记得星期天晚上去过酒吧喝酒吗？"或者："你记得星期一在河上划过船吗？"我们一直问到他记住为止，然后再往后一天。越往后花费的时间越长。我想大约花了两个钟头他才记起了从楼梯上跌下的事。

问题在于，他也许因为这桩事件而失去一些脑力。史蒂芬决定：“我要把这一点弄清，看有没有发生严重的损害。我要进行智力测验。”因此，他参加了智力测验并理所当然地通过了。他大约得了200或250分，所以一切都没问题。

德瑞克·鲍尼

到了毕业考时的确有些吓人，为获取荣誉学位，我们要在4天之内从早晨到下午不停地把三年来所有功课考完。我们四人决定每天晚上去不同的饭馆吃饭，我们只吃饭而不谈功课。

我记得，我们之中三人在最后一个晚上非常沮丧。史蒂芬认为他不会得到一等。里查德认为他甚至连三等都捞不着。我估计自己得不到二等。高登则显得兴高采烈，他想他得到了一等。

这样，我们之中三个人很沮丧，一个人极其快乐。而实际上，我们所有人都错了。史蒂芬得到一等；我得到了二等；里查德得到了三等；而高登没得到一等，他得到了二等。所以四个人全都错了。

第二天大清早我收拾好箱子，非常匆忙地坐上9点10分的火车离开牛津。因为在牛津的日子是我的黄金岁月，所以我不想见到曲终人散的结局。

史蒂芬·霍金

因为我很疏懒，所以预备只回答考试中理论性的物理问题，而避免需要死记硬背的问题来通过大考。我考得不是很好，处于一等和二

1962年史蒂芬·霍金在他的毕业典礼仪式上

等的边缘。

我还得参加口试才能决定最后成绩。他们询问我未来的计划。我回答说要做研究，如果他们给我一等则上剑桥，如果给二等则留在牛津。他们给了我一等。

伊莎贝尔·霍金

我记得他在牛津的第三年，自己就开始注意到手不像过去那么灵活了，情况变得有点困难。但他没有告诉我们。我对他很忧虑，我们把它归因于考试压力以及年轻人的一般困难，所以并没有意识到它的严重性。

我想那是发生在夏季学期的事，他在期终考后正要回家之前，头朝下从楼梯跌了下来。他总是头冲下摔跤。我告诉他必须去看医生并做反射试验，看看摔坏了什么没有。这样他看了一次病。

后来他要和一位朋友去波斯（伊朗）。那时候必须21岁才算成年，我们其实有点担心。他虽然还不到21岁，实际上已经长大了，而同行的朋友经验丰富，以前还去过波斯。这位朋友的父母写信给我们说，他儿子了解一切并请我们完全放心。

我们就这么同意了，于是他们出发去了当时还叫做波斯的地方，他们玩得非常愉快，史蒂芬还写了两封信回来。他在最后一封信中告诉我们，他正要离开德黑兰去塔伯里兹。我不知道这封信在路上耽搁了多久，但是他告诉我预定到家的日期，他准备从伊斯坦堡搭学生火车回来。

此后便音讯全无。接着在德黑兰和塔伯里兹之间发生了非常严重的地震，我们有3周时间没有得到他的任何消息。那是一段恐怖的日子，我们和外国机关接触，他们只告诉我们这次地震没有涉及任何英国人。但是，我们知道地震正好发生在史蒂芬要上车的地方。

3周以后，他回到了黎巴嫩前线。他搭的公车颠簸得很厉害，所以史蒂芬通过这段地震地带时竟然没注意到地震。但当他到达塔伯里兹时，病得十分厉害，以至于必须下车。他的朋友和他待在一起，并且在塔伯里兹看了一次病。可是他们仍然没听到地震的消息，由于他们是陌生人，大家认为他们不会对此感兴趣，所以他们一直不知道。

他终于回到家时显得病恹恹的。然而这次病并不是他后来的病因。他在很久前已经病了。他只是不知道，至少我们都不知道。但是这次病是一大挫折，他的病情无疑因此而恶化了不少。

玛丽·霍金

我们有一次谈论到为什么不能沿着直线走，也许是前夜喝了太多啤酒的缘故。史蒂芬说他曾经试过而他从来走不了直线。他不认为那会是什么问题。

1962年秋天，史蒂芬·霍金上了剑桥，但是他的健康在往后几个月中更加恶化了。

史蒂芬·霍金

我过完21岁生日之后不久就进医院检查。他们从我的手臂取出肌肉样品，把电极插到我的身上，把一些放射性不透明流体注入我的脊柱中，一面使床倾斜，一面用X线来观察这流体上上下下流动。我被诊断为ALS病，即肌肉萎缩性侧面硬化病，或者英国人称作运动神经细胞病。

我意识到我得了一种可能在几年内致死的不治之症，这确是一大打击。我怎么会那么倒霉呢？怎么这种病会发生在我身上呢？

> 肌肉萎缩性侧面硬化病在美国被叫做庐伽雷病，这是以患该病而死于1941年的纽约扬基队的一垒手命名的。该病引起神经细胞逐渐瓦解，这些神经细胞位于脊柱和头脑内以控制随意肌肉的活动。患者头脑思维不受影响，通常因呼吸肌肉失效，导致肺炎或窒息而死。

伊莎贝尔·霍金

那一年非常寒冷，委鲁拉明水池也全结冰了。我们都去滑冰。史蒂芬滑得不错，不过那时候他和我滑得很靠近。他的技术不是很高超，我也不是。

后来他摔倒下去，并且爬不起来。他很明显有某种严重的毛病。我把他扶到咖啡厅取暖，他告诉了我一切。

我坚持要去见他的医生。因为我觉得不管还能活多久，总有人能做些什么，至少应该使人感到好过一些。

我现在不想提到这位医生的名字，我是在伦敦的诊所见到他的。他对我居然会不辞辛苦去拜访他而感到惊讶。我毕竟是史蒂芬的母亲！虽然他相当和善，并且非常客气地招待我。他说："是的，这是非常令人伤心的。这么一位优秀的青年，在他的生命巅峰横遭不幸，真是令人惋惜。"

我当然问他："我们有办法吗？我们可以对他施行生理治疗或者任何有助的方法吗？"

这位医生说："我毫无办法。情形大致就是如此。"

当然，当我丈夫得知此事，他必定要去找和他不同专长的医生来诊断。他们确认二者必居其一，也许是可以切除的脑肿瘤，也许是肌肉萎缩性侧面硬化病。

他们诊断的结果是："他也许活不到两年半的时间。"

德瑞克·鲍尼

史蒂芬总是非常笨拙，但是我认为大家不以为这是什么大不了的问题。他在牛津第三年快结束时，有一回在宿舍从楼梯上跌下来。然而，没有人认为这有何不寻常。

我后来有一次到牛津，想找人共进午餐，但是都没有人在，然后正巧，史蒂芬刚好进门来。他慷慨地去买饮料回来，并放到桌子上，在放下他的啤酒时把它泼出来了。

“天哪，”我说，“怎么这时候喝啤酒！”

然后他告诉我，他在医院里住了两个礼拜，做了一系列检查并被诊断出了什么毛病。他非常直截了当地告诉我，他的身体将逐渐运转不灵。他们还告诉他说，最后他的身体会像植物一样，只有思维仍然是完好的，但是他将不能和外在世界沟通。他说最后只有他的心脏、肺和头脑仍能运行。此后他的心脏或肺也会失效，他就会死去。

他告诉我，这是不治之症，它是完全不可预见的，可能在短期或长期内稳定下来，但是永远不可能变好，根本不知道会是在6个月内或是20年内死去。可是他得这病时年龄比大多数病人年轻得多，他们怀疑他会更早而不是更晚死亡。

这个消息无疑是晴天霹雳，但是我的反应对于霍金而言却无济于事。我很清楚地知道他没有信仰，这使我更加难过。因为我知道霍金会质问自己：“为什么是我？为什么得这种病？为什么是现在？”

他只能淡然接受这即将发生在他身上的一切。就我所知，他在那时开始进行一些研究。大约18个月后，皇家学会发表了他的一篇论文，该文对霍伊尔教授的最新引力理论做了些微改正。后来霍伊尔为此表示感谢。这是他研究生涯的开始。那时他仍然是一名研究生，尚未取得博士学位。

伊莎贝尔·霍金

爱德华当时只是一个小孩子，我想他并不十分留意。但是由于大家的注意力都在其他地方，爱德华就没得到他那个年纪应得到的关心。他因此而受苦，尽管他是没感到痛苦的受苦者。而玛丽和这件事接触较多，史蒂芬患病时她待在医院里，所以她也受了苦。

而我的丈夫深受折磨。但是我们终究战胜了它。虽然我丈夫还是死了，但他不是因此事而死去。其他的人也都健在。

我不知道史蒂芬是否意识到，当他患病之初他父亲如何苦思焦虑。他所做的一切努力当然没有告诉史蒂芬，诸如和卡尔顿·伽兹杜塞克联络等。他因为研究库鲁病而获得诺贝尔奖。库鲁病发生在婆罗洲之类的地方，这是由食人肉而传染的，英国根本不会发生这种事。

史蒂芬·霍金

我在那个时期的梦想受到不小的干扰。在诊断出病之前我对生活已经非常厌倦了。似乎没有任何值得做的事情。但是在我出院后不久，我做过一次自己被处死刑的梦。我忽然意识到，如果我被缓刑的话还有许多事情值得做。

我得病的一个体验是：当一个人面临早逝的可能，就会体验到活下去是值得的。

德瑞克·鲍尼

有一天晚上我和他坐在那里，他问道："你读过约翰·但恩的哀歌没有？"我认为但恩的哀歌是我一生中读到的最美的情诗，而且极其坦率。如果不是约翰·但恩的作品，则毫无疑问会被归类成色情类。所以当史蒂芬开始谈论这些时，我记得当时心里想："好孩子，是什么原因使你变成这样子？"我不知道为什么他忽然对但恩的诗这么有兴趣。原来，大约在这个时候，他邂逅了他的妻子——简，尽管我们还被蒙在鼓里。

1963年1月，在圣阿尔班斯的新年酒会上，史蒂芬·霍金遇到了毕业不久的简·瓦尔德。这正是在他要进医院检查之前。次年秋天，简开始在伦敦学习语言。

史蒂芬·霍金

因为我估计自己活不到完成博士论文，所以看来做研究已没有什么意义。然而，病情随着时间流逝似乎缓和了下来。我开始明白广义相对论，并在研究上获得进展。但是真正使我生活改观的是我和一位名叫简·瓦尔德的女士订婚。这使我有了活下去的目标。也就是说，如果我要结婚就必须有一份工作。

1965年史蒂芬·霍金申请剑桥凯尔斯学院，他得到一份研究奖学金。同年7月他和简·瓦尔德结婚。他们的第一个儿子罗伯特出生于1967年，女儿露西出生于1970年，而第二个儿子提莫西出生于1979年。

1965年简·瓦尔德和史蒂芬·霍金在婚礼上，史蒂芬的父母站在他的右边，而她的父母在她的左边

伊莎贝尔·霍金

史蒂芬已经病了。简知道这些，这是史蒂芬的又一次好运：适逢其时遇到适当的人。史蒂芬曾经极其沮丧，他被告知最多只能再活两年半后，并不想继续用功。可是结识了简使他真正奋发起来。他开始用功了。

第3章

1962年史蒂芬·霍金在进剑桥之前，考虑选择研究理论物理的两个领域。一个是研究非常大，即宇宙学；另一个是研究非常小，即基本粒子。然而，他说："因为基本粒子缺乏合适的理论，所以我认为它较不吸引人。他们能做的只不过是和植物学一样把各种粒子分门别类。相反的，在宇宙学方面已有一个定义完好的理论，即爱因斯坦的广义相对论。当时在牛津没人研究宇宙学，而在剑桥的弗雷得·霍伊尔却是英国当代最杰出的天文学家。"

阿尔伯特·爱因斯坦发现了两种相对性理论。第一种称为狭义相对论（1905年），它声称光总是以常速率旅行，光速是一个绝对常数，所有其他运动都是相对的。1916年爱因斯坦发表了有关广义相对论的论文。广义相对论本质上是把引力当作空间-时间几何畸变的结果。

通常几何牵涉到平面上点之间的距离和线之间的角度。然而，在弯曲的表面上，正如地球表面，这些距离和角度不服从适用于平坦表面的同样的几何定律。例如，如果两个人在平坦表面上从不同方向出发离开，他们将越离越远。可是，如果两个人在地球表面上从不同方向出发离开，起初他们将越离越远，最终会在地球的另一端再相遇。

空间–时间几何也牵涉到距离和角度。但是现在人们要考虑事件，也就是不但空间分开而且时间也分开的点。人们是否能以光速或更慢的速度从一个事件到达另一个事件是最重要的问题。

由于引力是空间–时间几何中的畸变结果，所以引力场影响时间和距离的测量。例如，广义相对论预言，在大楼地下室振动的一颗原子应比在顶楼上的相同原子振动得慢。这个效应非常小，但是它已被测量出来，（在一座4层的大楼中！）而且测量结果和预言一致。人们预言，类似的效应（但数值大得多）会发生在非常强的引力场中，像是黑洞附近的引力场。

弗雷得·霍伊尔

“图景”是在宇宙学中明智地使用的词汇。科学具有两个部分。像从量子力学可以得到非常精确的理论，极端精确，任何试图向它挑战的人肯定都是发疯了。

但是在地理学、天文学、宇宙学和生物学中还有另一部分，理论并没有真正地获得证明。它们能被接受，多半依赖于做判断的人。一个众所周知的现象是，只要牵涉到判断，人们就会非常倾向于团结一致；也就是说，如果一开始有一半人做了某个特殊的判断，他们就很快地把另一半人说服了。这是一种群众的天性；我想它可追溯到人类靠狩猎为生的原始时代。要是有20个男人去打猎，最糟的就是对出

弗雷得·霍伊尔爵士在剑桥接受教育，并在那里担任普鲁明天文学教授。1967年他帮助建立了理论天文研究所并任第一任所长。他除了写过许多科学著作外，还是科幻小说的多产作家

发的方向不能取得共识；大家一起以随机方式选一个方向共同行动也比各走各的方向好，他们需要整体的力量才能成功。

我们的思想不只受到少数富有魅力的人的影响，也深受我们的能力影响。我们企图避免过于困难的事；如果我们能解答某些方程式，我们就趋之若鹜。但是找寻真理可能要用困难的方式。不能保证宇宙会特别按照我们的智慧标准而造。

我认为"图景"这个词用得好。而且我认为，人们50年以后不会坚持类似于现在的观点。事情会大大改观。正是因为如此，我宁愿去研究具有惊人意义，但我认为可以解决的问题。

弗雷得·霍伊尔和科学家赫曼·邦迪以及托马斯·高尔德同为稳态宇宙论的开创者。稳态理论家提出，当宇宙膨胀然后星系间距离越来越远时，物质从无到有创生并充满了宇宙空间。后来这些物质凝聚，形成新的恒星和星系。年轻的新生星系取代了老死的星系，宇宙在任何时刻都和其他时刻极其相像。因此，宇宙是处于一种稳定的状态。

与之对抗的主导理论是所谓的大爆炸宇宙论。大爆炸宇宙学家对物质从无中生有持否决态度。他们论证道，由于现在星系相互离开，它们过去必定相互靠得更近。宇宙在非常遥远的过去必定和现在相当不同。的确，人们如果用广义相对论的方程式往时间过去的方向追溯星系的运动，他们就会发现，物质密度和引力场曾经一度为无穷大。这一点就是大爆炸。

现代天文观察似乎强烈支持大爆炸宇宙学。它们指出宇宙的过去和现在非常不同。结果稳态理论不再受支持。然而，霍伊尔相信，这证据是被误解了，所以他继续提倡稳态理论。

史蒂芬·霍金

我到剑桥做研究的申请被接受了。但是使我恼火的是，我的导师不是霍伊尔，而是邓尼斯·西阿玛，我以前没有听说过他。西阿玛和霍伊尔一样信仰稳态理论。根据该理论，宇宙在时间上既无开端又无终结。

然而，最后发现这是最佳的安排。霍伊尔经常在国外，我也许不能经常见到他。另一方面，西阿玛总在那里，他的教导总是发人深思——尽管我们之间经常意见相左。

邓尼斯·西阿玛

那时期稳态理论的提倡者与检验该理论并希望推翻它的观察者之间进行过激烈的争论。我那时支持稳态理论，不是在于要信它一定是正确的，而是我发现它如此吸引人，以至于希望它是真的。所以那时的争论中，我扮演了一个小角色。

开始得到敌对的观察的证据时，弗雷得·霍伊尔主导企图否定这些证据。我在一旁稍微提供协助，提出建议以对付这些敌意的证据。但是当这些证据越积越多，事情变得越发清楚，胜负已定，人们必须抛弃稳态理论。

1965年大概是关键的一年，不仅是因为微波背景，而且由于马丁·赖尔，这位剑桥首位的射电天文学家，推动居于领导地位的射电源计数的研究。在后来阶段，他甚至使像我这样的附和者都改弦更张。

在我开始研究广义相对论的时期，世界上只有寥寥数人以认真的态度开展这种研究。然后在20世纪60年代初，这个学科在我们面前迅速扩展开来。这有一部分原因是相对论越来越令人振奋，另一部分原因是天文学上的新进展。

邓尼斯·西阿玛从1963年至1970年任剑桥大学的数学讲师，从1970年至1985年任牛津万灵学院的天体物理教授，现在意大利的里雅斯特的国际理论物理中心工作。他是史蒂芬·霍金在剑桥的导师

最早的进展发生于1952年左右，人们从两个地方探测到无线电噪声，一是从称为射电星的点状来源，另一个是从我们星系的弥散区域。电子在各种星系的磁场中运动产生这些噪声。但是关键在于这些电子实际上是以光速来运动：它们是我们讲的相对论性运动的宇宙线电子。这里的观念是，射电天文学现象的所有范围是由相对论性电子引起的，这种电子原先多半是相对论专家研究的东西，这些专家很少涉及天文学。相对论性电子是用一些大片金属探测到的。

相对论的抽象概念和观察射电发射的具体方法之间的关联非常令人兴奋。这也许是现代物理概念以观察方式进入天文学的转折点。

我们跨出第一步之后就无法停止了。几乎每一年都有激动人心的新发现，这样就把现代物理的最奇异性质带进了直接天文观测。人们发现了类星体和脉冲星以及从宇宙的大爆炸起始来的热辐射；而且由于类星体被认为和引力坍缩相关，甚至广义相对论也变得重要了。[1]

你看，狭义相对论是爱因斯坦的两个相对论理论的第一个，这就是每一位物理学家都必须学习的理论部分。但是他的引力论，即广义相对论要更复杂而且抽象得多，过去这只是非常内行的专家的特殊领域。可是当人们认为引力坍缩在解释类星体很重要时，广义相对论在天体物理中，一下子就变得十分重要了。当然，如果你要研究具有辐射背景的宇宙大爆炸起源，则只能用广义相对论才能解释宇宙学。正是这种抽象和具体结合的进展，才导致相对论魅力的大增。

这样非常自然地，在20世纪60年代我和一些似乎在这些困难领域具有研究才能的学生在剑桥建立一个学派时，这些正是我建议他们研究的领域。

> 没有恒星能够永远存活下去；恒星在某个阶段必须把燃料烧光。许多恒星变成白矮星，这是一种稳定的、半径为几千英里、密度为每立方英寸大约有几百吨的小恒星。其他恒星继续坍缩，直至它们成为半径只有十英里、密度为每立方英寸大约有几亿吨的、比白矮星小得多的中子星。人们相信，超过一定尺度极限的其他恒星会坍缩成一个所

---

1. 类星体是类似恒星、发射出巨大数量辐射的天体。它们在1963年被发现，并被认为是在宇宙开始，亦即150亿年前形成的。
脉冲星被认为是旋转的中子星。中子星磁场的南北极不和旋转轴同向，这就引起了射电波的脉冲。脉冲星是1967年发现的。

谓的黑洞。一个黑洞被称为事件视界的球面所环绕。事件视界面是一个单向膜。虽然可能从事件视界面的外界进入黑洞，却没有任何东西——包括光线能在相反的方向上旅行。在事件视界面中，黑洞中心是一个奇点，该处的引力场变成无穷强。任何进入视界的人最终都会撞到奇点上去，结局非常悲惨。

基普·索恩

恒星的引力坍缩和黑洞理论是在20世纪30年代后期开始形成的。罗伯特·奥本海默和真正开始研究这个课题的学生从列夫·朗道更早的工作出发。朗道是苏联现代理论物理之父。

朗道曾经为恒星如何得到使自己发热的能量问题感到迷惑；他设计过一种机制，在恒星譬如太阳的中心，也许有一个尺度为10千米或20千米、质量大约为太阳质量1/10的中子星；而太阳的气体逐渐落到这个中子星上去。这种沉落会产生使太阳发热的热量。在20世纪30年代，他自己思索，并在与合作者讨论中揣摩这些思想。

可是，后来他感到斯大林清算之火马上就要向他扑来。这时他绝望地搜索某些能在报纸上炫耀的，并能使他免受斯大林清算的东西。由于朗道20世纪30年代早期在德国生活了很久，并在那里研究物理学，所以他受到怀疑。正因为如此，尽管他是一名犹太人，他仍然被某些苏联物理学家控告为德国间谍。

基普·索恩在1962年从加州理工学院获得学士学位，1965年在约翰·惠勒指导下获得普林斯顿物理学的博士学位。他现在任加州理工学院的小威廉·R.肯南教授以及理论物理教授

朗道寄了一份手稿给哥本哈根的玻尔[1]，其中包括太阳是由在它中心的中子核来维持发热的思想。他还附了一封信要求说，如果玻尔认为这是一个好思想，就请他转给《自然》发表。玻尔做到了这点，他紧接着收到从《消息报》发来的一封电报，问玻尔对这个工作的看法。玻尔回了一份热情洋溢的报告，《消息报》立即发表了这份报告。

玻尔知道朗道是企图躲过牢狱之灾，可惜不管用。朗道在监牢里待了一年而且几乎丧命。

在朗道入狱期间，奥本海默和他的学生玻帕·塞伯读到朗道理论

1. 尼尔斯·玻尔（1895~1962）是丹麦物理学家，1922年获得诺贝尔奖。他是发展导致量子力学发现的原子论的主将。

并且发现了一个漏洞。他们思忖："好，朗道能够获得热量来源，他毕竟是一位伟大的物理学家。"这样他们就在《物理学评论》上发表了一篇文章，在朗道囚禁期间把他的思想粉碎。

朗道的文章使奥本海默和他的学生开始思考中子星和黑洞，但是他们并不知道那篇文章是朗道企图用来逃避牢狱之灾的。

由于苏联科学界的巨大压力，朗道在入狱大约一年后被释放。他的健康状况很差。但是，我认为在西方，直到最近人们才知道，这是奥本海默和他的学生哈特兰德·斯尼德获取黑洞理论努力的契机。斯尼德在师从奥本海默之前是犹他州的货车司机。

奥本海默和斯尼德在发现太阳和其他恒星不能由中子的核心来维持发热状态后，首先想了解的是：假定你有一颗作为正常恒星死亡残骸的中子星，它们有多大？奥本海默和另一名学生乔治·沃尔科夫指出，中子星的最大质量估计为太阳质量的0.7倍，中子星不能比这更大。因为我们现在对核物理理解得更清楚，所以这个质量极限更可能是太阳质量的两倍。

看到中子星存在一个可能的最大质量，奥本海默采取的下一步骤是问自己：当大质量恒星死亡时会发生什么？奥本海默和斯尼德利用广义相对论计算了恒星的内向爆炸，他们看到了恒星会和外界宇宙相脱离，用我们今天使用的新奇的词汇来说就是："进入到它自身的视界之内。"

然而，他们拒绝考虑在视界之内恒星会发生什么问题；他们从方程式中就看到了恒星和宇宙其他部分脱离开来。奥本海默不是一个善于猜测的人。否则的话，他会看到非常复杂的物理问题，确定其中发生的关键过程，从而解决问题并做出预言，这些也正是用于制造原子弹所需要的手段。可是他甚至拒绝用广义相对论来解答在视界之内发生的问题，这正是最近随着史蒂芬·霍金关于量子引力的工作而变得如此有趣的问题。

史蒂芬·霍金在1974年发现，当考虑到量子力学效应时，事件视界不再严格地不可穿透。黑洞辐射能量，并且损失质量。黑洞的质量越大，则它的质量损失得越慢。这个效应对于恒星质量的黑洞而言是非常小的。尽管如此，所有的黑洞最终都会把它们的所有质量辐射殆尽并且从此消失。

直到大约1910年，人们还认为，物质是由像撞球那样的粒子所构成，这种粒子具有确定的位置和速度，物理定律可以准确地预言它的行为。然而，从实验中开始出现的一些证据显示，这些准确的所谓经典定律，在非常短的距离下，必须用所谓的量子定律取代。按照这些量子定律，粒子没有精确定义的位置或速度，而是以一种概率分布，或以波函数的方式抹平开来，波函数测量在不同位置找到该粒子的概率。量子定律显示，人们不能同时测量一个粒子的位置和速度。人们对位置测量得越精确，则对速度测量得就越不精确。反之亦然。

在强引力场中，广义相讨论的新奇特征最为显著。量

量子空间中一个黑洞的图解：在该处光不能逃脱，时间终结。然而黑洞并非像过去人们所认为的那样是黑的

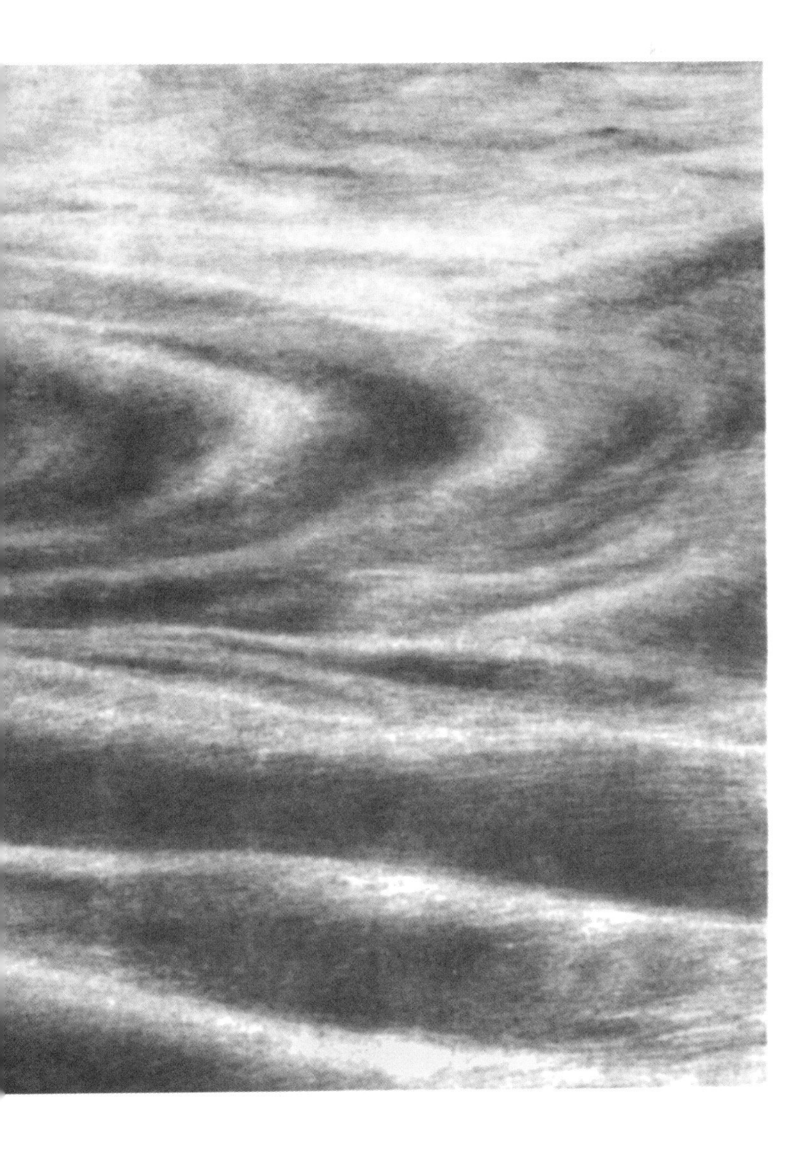

子力学的特征在小距离尺度下最为显著。这样，空间–时间几何的量子力学理论，即量子引力对于理解发生在非常小尺度和牵涉到强引力场的事件时是基本的。其中一个事件便是大爆炸，另一个事件是发生在一个黑洞之中。

安东尼·赫维许

当射电望远镜首次从宇宙获得射电波时，其装置还是非常粗糙的。人们在加州的巴勒摩利用大型光学望远镜把第一个辐射射电波的星系认证出来时，真是令人激动。这些奇怪的物体，那时我们还不知道是什么，其实就是在天空发射射电波的点。可是，它们又是什么呢？它们不是太阳，也不是任何已知的恒星。

人们发现用光学望远镜只能看到一个暗淡的斑点。我们知道这个斑点实际上是一类以前从未看到过的星系，距离我们大约10亿光年。这样，我们利用简易的仪器就能发现极其遥远的星系，所看到的是10亿年前的历史。很明显，如果我们用更好的装置，就可以检测到比这种用射电望远镜观测到的更暗淡的，也就是更远的物体。

这样一来，向时间的过去方向回溯宇宙的历史，从而用来检验相互竞争的各种宇宙论便成为理所当然。在这以前，宇宙论只是理论家之间的战争。而现在它成为我们可以称之为观察的科学，某种我们可以真正观察到的东西。

我们现在可以看到太空的更深处，掀开帘幕使我们看到了宇宙的过去。

安东尼·赫维许由于发现脉冲星而与马丁·赖尔爵士一起获得1974年的诺贝尔物理奖。这个发现证明了中子星的存在，并使黑洞的现象更具可能性。他从1971年起任剑桥射电天文学教授

当你往时间的过去方向观测所发现的这类射电星系的数目，比霍伊尔、邦迪和高尔德的稳态宇宙理论所能包容的数目多得多。在稳态理论的宇宙中，恒星和星系一面形成，一面衰变。可是随着宇宙的膨胀，必须添加上物质，使之形成新的恒星和星系，才能使宇宙的图像平均来说在不同时间显得是同样的，这一点大家都同意。如果宇宙处于一种稳态，一种平衡，只要你愿意在不同时刻观测它的话，它应该在平均上显得不变。这样，如果你观测非常遥远的物体，那么你就能看到时间的过去，就能看到宇宙的过去和现在是否相同。

从射电望远镜得到的第一个结果暗示我们，我们有一个非常不同的宇宙。它具有的射电星系数目比一个光滑的、稳态的宇宙所应有的

多得多。因此宇宙不是处于一种连续创造的状态。它更显得是随着时间演化的。

射电星系的研究看来非常明确地指出，宇宙具有演化的历史。这在1965年获得了戏剧性的证实。美国的阿诺·彭齐亚斯和罗伯特·威尔逊用他们的射电望远镜接收到宇宙背景辐射。这是从创造宇宙的热大爆炸遗留下来的残余热辐射。它证实了宇宙不能处于稳态。

他们的射电望远镜收到的微弱热辐射非常冷，它刚好对应于比三度开尔文更低的温度的天空背景，这的确是非常冷。但是如果你在宇宙学中弄清这些辐射的起源，它就告诉你宇宙的过去一度曾经是不可想象地炽热，其温度为几百万度。我们现在所接收到的只是一种残余，是宇宙极早期的辐射化石。这些和大爆炸——也就是由突然创造引起大爆炸的思想相符。

从我们接收到的这种辐射化石说明了：在遥远的过去存在一个非常热、非常紧密的宇宙。或者粗略地讲，你可想象这是一种开启万物生涯的宇宙爆炸。我们现在看到它正随着时间膨胀并逐渐冷却下来。

邓尼斯·西阿玛

我还记得在剑桥的有关脉冲星的学术报告会。我想那次演讲的题目《一种新的射电源族》是很乏味的。安东尼·赫维许准备演讲。但是谣传说，它不仅仅是什么枯燥的射电源新族，而是某种更壮观的、更瑰丽的东西。会议从通常的射电天文学家教室移到一间非常大的演讲厅，还是被挤得水泄不通。这个谣言流传得很广。

脉冲星就是在这次会议上第一次发表的。关于它们究竟是什么，进行了一些讨论。很显然，它们必须是非常紧密的物体，可是不清楚它们是否为白矮星，这种非常紧密的物体虽然非常奇异，却是天文学家非常熟悉的。它们或许是所谓的中子星。它们比白矮星紧密得多，或者可以说几乎处于黑洞状态。这是花了几个月的时间才讨论清楚。托马斯·高尔德，这位早先和霍伊尔以及邦迪在剑桥的合作者，首次清晰地论证：脉冲星只能是旋转的中子星，而不是别的什么东西。

这样，过去纯粹是理论的构造，而且从未被天文学家认真看待过的紧密物体，忽然间变成全世界射电天文学家都能观测到的、处于某类射电源中心的物体。此外，由于中子星几乎是处于黑洞的条件，中子星的半径只比同等质量黑洞的半径大几倍，那些认真接受黑洞概念的人因此信心百倍。

安东尼·赫维许

回到20世纪30年代，当詹姆斯·查德威克发现中子时，人们用计算推测出一种非常奇怪的物体。引力是一种极其巨大的力量。一颗恒星把燃料用光时，引力甚至就会把该恒星从太阳尺度凝聚成直径只有几英里的球，把恒星中的大部分物质转变成这些中子。它似乎把物体压扁、使之不存在，把正负电荷挤压得如此紧密，使它们聚合成新类型的粒子。

这样，人们猜想中子星也许存在。我在剑桥进行的实验真正直接导致这类物体的发现。这真是很幸运。我所设计的实验，实际上是用于观察类星体。我发现，如果通过太阳大气来观看某些射电星系，它们就会像恒星一样闪烁。但是，这只有当它们具有典型的类星体不可思议的紧密尺度时才会发生。类星体是功率极大的星系，可是它们的能源来自于它们中间非常微小的体积。它们是如此高度紧密的物体，以至于用射电望远镜观测时也是非常小的，人们正是透过这种闪烁现象来鉴别它们。它是正常扩展的射电星系呢，还是在它当中具有某种紧密结构的东西？

所以我设计了一种射电望远镜，它不像过去的射电天文学中见到的任何东西；它是用来观察这种闪烁效应的，这显示它具有和任何其他东西完全不相像的性质。它在长波段工作；我们反复地观测天空，为了寻找起伏的源。没过多久，我们就接收到这种脉冲。望远镜的参数刚好调到适合于接收脉冲，这是我们的运气。

这些脉冲星被归结成旋转的中子星。这个发现是在1967年进行的，而在1968年广为人知。那时候我们不知道它们是什么，但是它们必须很小才行。我在第一篇发表的文章中建议，这是振动中子星，或者是振动白矮星，但是中子星的可能性更大些。这种想法在12个月后得到证实，中子星从此进入了天体物理的领域。

这一切是如此激动人心。我指的是，谁会梦想到你会从天空接收到似乎是智慧的信号呢？天空中究竟什么东西在发射脉冲呢？我们考虑了所有种类的事物，再加以排除，譬如说未知的美国飞机或者从月亮反射回来的信号等。这些局部的可能性都被排除后，我开始认真地思索，我们也许首次接收到真正的、智慧的信号，这是从某个天外文明来的信号，我们将其称为“小绿人”。

然而，我的研究生约瑟琳·贝尔进一步检查记录，使我们得到了越来越多的这种脉冲信号，最后事情变得清楚了：我们必须去寻求其他解释，它不是小绿人，尽管我有一阵把它当真，你不能轻易地把它赶走。

这正如一则侦探故事：结果只有一个答案，也就是说，只有一个犯罪的人。把行星运动排除了之后，我就知道，脉冲不能来自于一个行星。该脉冲非常狭窄，这显示该发射物体非常小。由于从大物体不同部分出发的辐射旅行时间不同，因此你不能指望它发射出短的、尖锐的脉冲。它必须是某种非常紧密的东西，必须是尺度比几千公里更小的物体，而且在恒星那样远的地方。

史蒂芬·霍金

我参加了宣布发现脉冲星的演讲会。演讲厅里装饰着纸剪的小绿人。最先发现的4颗脉冲星被命名为从一到四的LGM。“LGM”是“小绿人”的缩写。

基普·索恩

我是在一次广义相对论和引力的国际会议上首次见到史蒂芬。我刚得到博士学位，而史蒂芬正处在他的剑桥博士论文研究的晚期。那时他拄一根拐杖走路，有一点摇摇晃晃的。可是他讲话非常清楚，稍微有点迟疑。我直到后来才真正理解他疾病的含义。

这次会议，是在史蒂芬研究宇宙学奇点工作的早期召开的。他的研究是用罗杰·彭罗斯开创的技术，来研究宇宙的大尺度结构。我们在休息室里短暂交谈，使我对他所进行的研究以及发展的思想留下十分深刻的印象。很清楚，这是根据彭罗斯设计的基本技巧。彭罗斯把它们应用到黑洞的框架中，而霍金把它们引进到宇宙的框架中。

史蒂芬也许是唯一的强有力的具有这种本领的人，他比其他任何人都要快得多地进入这一切。他掌握了技巧，开始应用它们，并且如此迅速地出发，任何其他人都望尘莫及。现在我回顾起来，这是非常明显要做的事。但是人们总是惊讶，人们回顾的观点究竟多少代表实在的情形。

罗杰·彭罗斯

我记得曾和我的朋友厄弗·罗宾逊进行热烈交谈，我们接着穿过一条街道。在我们穿越时，交谈自然停止。然后我们到了另一边。在穿过马路时，我显然得到某种观念，可是交谈又重新开始，它在我头脑中被完全遮盖了。只有当我的朋友离开后，我开始有一种兴奋莫名的感觉，一种非常美好的感觉，然而我搞不懂为什么有这种感觉。所以我把整天的活动回顾一遍，去寻找任何会引起这种感觉的事件。接着我逐渐地把我穿过马路时所获得的这个思想观念挖掘出来。

史蒂芬 · 霍金的毕业论文是由罗杰 · 彭罗斯和邓尼斯 · 西阿玛会试，该论文是对彭罗斯关于在一颗恒星把自己燃料烧尽并坍缩成一个黑洞时的过程研究的发展。彭罗斯现任牛津数学研究所的罗斯 · 玻勒数学教授

彭罗斯的观念显示，如果一颗恒星坍缩超过一定程度，它将不可能再膨胀。相反的，空间–时间的一个奇点将会发生，在这一点，时间将会终结并且物理定律会失效。在彭罗斯的结论之前，人们以为，如果一颗恒星不是完美的球形或者恒星稍微旋转，则该坍缩恒星的物质可避免导致无限紧密。相反的，坍缩物质也许会高速穿越并重新膨胀。

邓尼斯 · 西阿玛

彭罗斯宣布了他的结论：当一些恒星不断地坍缩下去，只要满足某些非常广泛的条件，而且是任何人都会认为合理的条件，它们就会变成一个奇点。

史蒂芬·霍金开始第三年研究生课程时，我记得他曾说过："这个结论非常有趣，我在想是否可以用来理解宇宙的开端。"他的想法是，只要你在心理上把时间逆转，就可把膨胀的宇宙认为是一个坍缩的系统；它有点像一个非常巨大的坍缩星。人们同样可以考虑：在那种时间意义上，当宇宙坍缩时，它达到一个奇点。或者在正常的时间意义上，我们得到从大爆炸起源的爆发。在非常对称的宇宙模型中，这爆发肯定是奇性的。

史蒂芬接着说："也许和彭罗斯恒星定理相同的考虑也能成立。"也就是说，甚至在一个实际上不规则的宇宙中，开端也许必须是奇性的。它再次不仅仅是一个有趣的结果，由于它意味着广义相对论在宇宙最开初时无效，所以导致智慧的危机。因此，史蒂芬说："我想把彭罗斯的结论应用到整个宇宙上。"

他在研究生的最后一年做到了这一点。

采取彭罗斯的方法绝非易事，但结果非常杰出。如果你翻阅史蒂芬的论文就知道，最后一章包含了他解释宇宙开端的第一道奇性定理。

史蒂芬·霍金

彭罗斯的结论就是第一道奇性定理。为了证明，彭罗斯把某些全新的技术引进广义相对论。我没有出席他在伦敦的定理发表会，可是第二天我听到了。因为我正在考虑相当类似的问题，过去是否有奇点作为时间的起点，或者宇宙早先是否有过一个收缩过程和反弹。我能够利用彭罗斯和我自己的一些方法显示：如果经典广义相对论是正确的，则在过去必须有一个奇点，这正是时间的开端。任何可能存在此奇点之前的东西都不能被认为是宇宙的一部分。

白纳德 · 卡尔

史蒂芬和罗杰 · 彭罗斯是两位伟大的相对论家，他们研究非常类似的问题。他们最后得到了著名的定理，在宇宙的开端处必须存在奇点，也就是相对论失效的地方。他们的发现在某种意义上可以视为：广义相对论在非常特殊的情况下预言了自身的失效。

白纳德 · 卡尔跟随史蒂芬 · 霍金做他的研究生论文。1974年他还伴随霍金一家到加州理工学院，他在那里帮助照顾史蒂芬。他目前在伦敦大学的玛丽皇后和西费尔德学院教物理

奇点以两种情况出现，它们在黑洞的中心出现，这是罗杰 · 彭罗斯证明出来的；但是我们还能指出，在极早期宇宙中必须存在一个奇

点，这是霍金和彭罗斯共同证明的。

如果经典相对论在奇点处失效的话，究竟会发生什么？人们只要说，因为我们知道理论失效了，所以就放弃算了。当然，量子引力的目标正是为了解决这个问题。

史蒂芬·霍金

对远处星系的观测显示，它们正离我们而去，宇宙正在膨胀。这指出星系在过去必须靠得更近。由此就产生了这个问题：是否在过去的某一时刻，所有星系都互相叠在一起，而宇宙的密度为无限大？或者原先存在一个收缩的相，星系在这种相中能够避免相互撞到一起？也许它们会相互穿越并重新开始相互离开？这个问题需要新的数学工具才能回答。这些工具主要是由罗杰·彭罗斯和我在1965年和1970年间发展的。我们利用这些工具指出，如果广义相对论正确的话，过去必须存在过无限紧密的状态。

这个无限紧密的状态被称为大爆炸奇点，它是宇宙的开端。所有已知的科学定律在奇点处失效。这意味着，如果广义相对论正确的话，则科学不能预言宇宙是如何开始的。然而，我更近期的工作指明，如果我们加上量子力学的理论，也就是非常小尺度的理论，则可以预言宇宙是如何开始的。

基普·索恩

在20世纪50年代或更早的时期，广义相对论大体上是数学的一个分支；把它引进物理学，主要应归功于普林斯顿大学的约翰·惠勒。物理学家询问真实世界的问题，诸如什么是基本粒子的性质、基本粒子由什么构成等，而几十年来广义相对论的权威人士一个典型的课题是，他们想以数学上严谨的方式，推论出制约在弯曲空间-时间中理想粒子的运动定律。这个课题的动机主要是想找出广义相对论结构更深入的数学解释，而不是要深入了解宇宙本质的核心。

所以20世纪50年代是思考弯曲空间-时间的方式剧变的时期，从考察数学结构到开始按照物理来思考。这要归功于惠勒，有些人称他为黑洞的鼓吹者。由于他的热情，令人信服地洞察出黑洞是物理中最激动人心的问题，是要真正理解宇宙和物理基本定律的人所应该研究的。

大约在这个时期，约翰到剑桥演讲，他强烈影响了邓尼斯·西阿玛小组的成员，最终也影响了史蒂芬·霍金。他对物理学中什么问题重要有极好的判断力，他说服我们相信黑洞正是未来物理发展的中心。

约翰·惠勒

1969年，我们在纽约市阿姆斯特丹大道的太空物理研究所开会。我说，在做最后结论之前，还必须把另一个东西提出来，这就是引力完全坍缩的物体。而你在重复诸如“引力完全坍缩物体”之类的用词

10次以后，就会觉得必须有一个更好的名字。这就是我开始使用“黑洞”这个术语的缘由。

约翰·惠勒是8本书的编者、合作者或作者。他是奥斯汀得克萨斯大学和普林斯顿大学的名誉教授。他获得16所大学的名誉学位。他在1969年创造了“黑洞”这个术语

布兰登·卡特

奥本海默最先开始思考黑洞的含义和形成，不过黑洞这名称是20年后才出现的。可是直到20世纪50年代人们才接下去研究。尤其是约翰·惠勒贡献良多。在英国，关键人物是我的导师，也是史蒂芬·霍金的导师邓尼斯·西阿玛。邓尼斯在英国和惠勒一样起带头作用：他使大家产生兴趣。罗杰·彭罗斯便是其中一人。彭罗斯独一无二的贡献是把许多现代数学的方法、高等拓扑学和微分几何用来解决纯理论数学家从未想去着手解决的问题。

“黑洞”这个名词的发明使事情大为改观。没有通俗的词汇，则不仅和其他领域的人——甚至和专家交流都很困难。由于缺少一个

词，实际上在研究同样问题的人彼此都不知道。

布兰登 · 卡特生于澳大利亚，在剑桥彭蒙布洛克学院学完本科之前在苏格兰受教育。他继续在剑桥的应用数学和理论物理系研究和教学。1975年他在法国国立科学研究中心工作。1986年他成为巴黎天文台的研究主任

约翰 · 惠勒发明了这个术语后，情形就戏剧性地改观了。这并非第一个名称，以往还用过其他术语，可惜不受欢迎。在全世界，无论是在苏联、美国、英国和其他地方，所有人都采纳它，他们都知道是在讲同一件东西。不仅如此，整套概念一下子就传到大众中去，甚至科幻作家也能对此说三道四。

约翰 · 惠勒

朋友们问我："如果黑洞是黑的，你怎么能看到它呢？"而我答道："你曾经去过舞会吗？你看到过年轻的男孩穿着黑色晚礼服而女孩穿着白衣裳在四周环绕着，他们手挽着手，然后灯光变暗的情景

吗？你只能看到这些女孩，所以女孩是正常恒星，而男孩是黑洞。你看不到这些男孩，更看不到黑洞。但是女孩的环绕使你坚信，有种力量维持她在轨道上运转。”

史蒂芬·霍金

掉入黑洞中成为科学幻想的恐怖。可是实际上，黑洞现在可以说是真正的科学事实。

当然科幻作家大书特书的是，如果你真的掉进黑洞中将会发生什么。一般看法认为，如果黑洞在旋转，你就可以穿过空间-时间中一个小小的洞，而通到宇宙的另一个区域去。这显然为空间旅行提供了极大的可能。的确，如果我们要旅行到其他恒星，不用说到其他星系去，要使这种愿望将来可行，需要这样的可能性。否则的话，没有任何东西能比光旅行得更快这个事实表示，到最近的恒星来回旅行至少要花8年时间。所以别想到α-半人马座度周末了。另一方面，如果人们能穿过一个黑洞,也许他可以在宇宙任何地方重新出现。如何选择你的目的地则完全不清楚：也许你想到处女座度假，而结果却到达蟹状星云。

但是，我只能遗憾地使期望星际旅行的观光客失望，这个假设是不成立的；如果你跳进一个黑洞，你会被撕裂并被压榨到完全不存在。然而，在某种意义上可以说，组成你身体的粒子继续在其他宇宙中存在下去。我怀疑对于进入黑洞而被压制成像面条的人而言，知道自己的粒子也许还会存在是否会感到一些安慰。

约翰·泰勒

如果有一个黑洞非常大，由质量相当于我们星系的物质所构成，那么它的事件视界大约具有太阳系的半径。个人从事件视界掉落时没有任何特殊的感觉。然后，大约一个礼拜后，他开始感觉到压迫，被拉得越来越长，而且变得稍微瘦一些。当然，他开始被压挤，直到变得非常长非常细，而且相当难看。两周以后他就会落到黑洞中心，然后死去。那当然是引力坍缩的问题。

可是在中心发生了什么呢？在中心，标准引力加上一点经典物理就告诉你，你会消失。这真荒谬。这太糟糕了，你正在毁灭用来做这些预言的整个模型结构。

约翰·泰勒是伦敦国王学院的数学教授。20世纪70年代他进行了许多有关黑洞的研究，写了一本这个课题的畅销书。最近他从研究宇宙学改为研究神经系统

事实上，有一次我曾充当论文竞赛的裁判，其论题是如何通过黑洞并且生存下来。我面临的问题是不知如何评奖。如果我说“哎，那似乎是篇好论文”，则求证它的正确性的唯一方法是按照实验落到黑洞中去——我假想你会要求该论文作者和你同行。可是问题在于，如何把结果告诉世界上其余的人？你是否得带着要颁给他们的奖一起去呢？他们到达中心时要如何处理那个奖呢？

实际上，由落到黑洞中心的物体会突然消失这个事实可知，引力和经典物理模型本身包含了它毁灭的原因。现在，它也许在最后的十万亿亿亿亿亿分之一秒的时间里被极力压缩，就在那一时刻起，时间和空间的性质大大地改变了。而且为了检测那最后的、绝对短暂的时间，随着所有物质流进去并且坍缩，它自身压缩并加热而得到非常高的能量，所以人们必须使用极高能量的效应。换句话说，你要重新经历一遍整个宇宙的开端，你回到了非常坍缩的状态。

为了描述它，我们需要这些量子效应，也就是使你避免实际消失的不确定性效应。可有许多原因用来解释所发生的。就第一原因而言，一个非常好的、并且也许是正确脱离这困境的原因是：当你回溯过去，从而不断趋近大爆炸的开端，就能避免被毁灭；或者当你落到一个黑洞的中心去，时间在流逝——你的手表时间，当然你的手表或手腕都很悲惨地毁灭——但是活动在继续进行，而时间就是活动。现在，当你越来越接近中心，也许是活动时间扩展开来，这样你不仅仅是必须度过十万亿亿亿亿亿分之一秒，你不断地向黑洞中心接近，但永远不能到达，因为总有新的活动发生。可以想象一个无穷层数的洋葱，你一层一层地把它剥开，在有限的时间里只能剥一层，而你想到达该洋葱的中心。当你每剥一层时，它就是一个新的活动，你可以好比一秒钟剥一层。掉到黑洞去的情景很可能就像是这个样子。我认为，宇宙的开端最可能像这种样子。在这种情形下，如果永远有活动可以回溯，则永远不会出现开端，时间被不断地延伸，因此不可能存在最初原因。我们探究最初原因，是因为我们不理解时间在那种非常奇怪、非常奇妙的环境下受到如此重大的改变。这些正是我们所要适当考虑的。

当一个人掉进黑洞里去，他当然可以回头看。正如你所预料到的，他能看到一起掉进去的其他东西。当一个人掉进去时，他将看到非常奇异的变形。如果一个人躲开奇性的环，他就可穿越到另一个更遥远的宇宙去。该宇宙在一定程度上是我们自己这宇宙的翻版。但是我们不知道它的演化过程是否和我们的宇宙一样。

例如，人们可以猜测，他也许根本不能遇到自己的星球以及自己的同类：也许那边环境完全不同。想知道这些宇宙中会发生什么事会想破脑袋。

布兰登 · 卡特

就在你看不到外面世界之前，你会看到一些事件发生，看到它们发生的速度正如烟火表演那么快。虽然你能看到未来发生的每一件事，但是从科学的观点看，它进行得如此之快，你根本没有时间去分析，这真是令人沮丧。你无法全部吸收，最后事情会爆发得如此快，以至于连你本身都被它毁灭。这是结束一个人生命非常刺激的方式。如果有机会的话，我会采用这种方式。

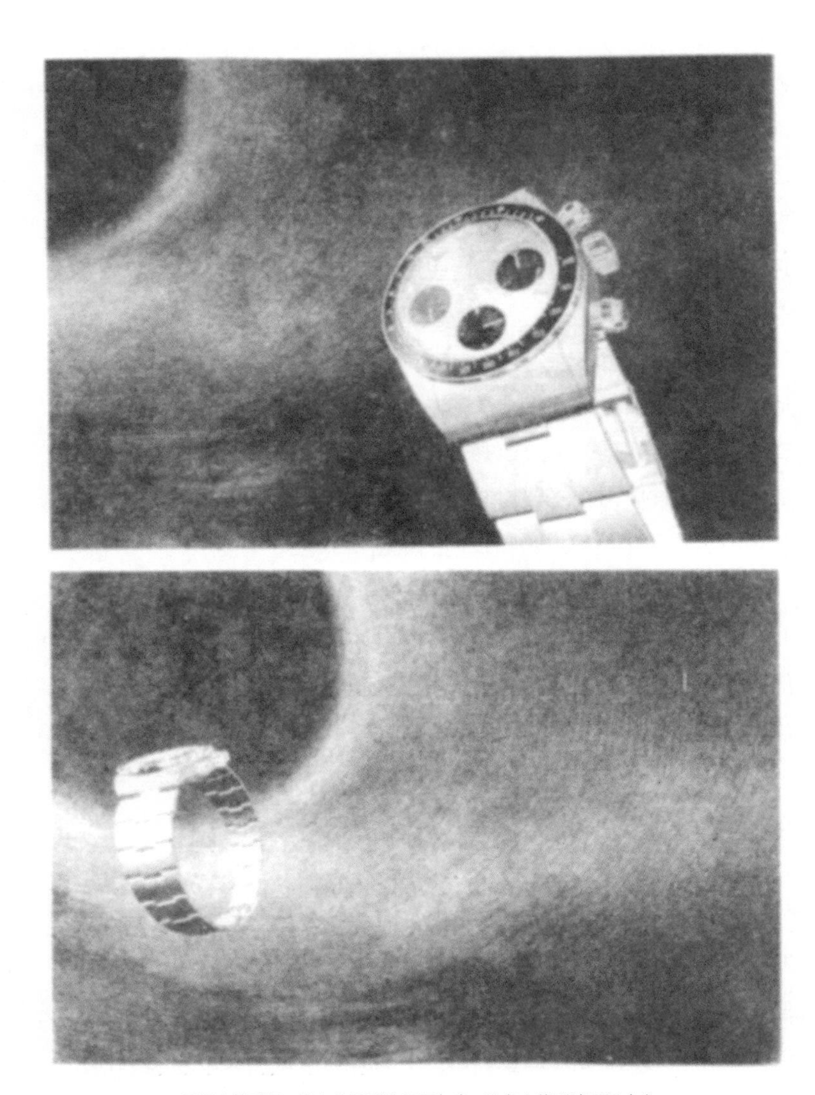

黑洞中的时间。钟表永远到达不了午夜，没有人能到达黑洞中心

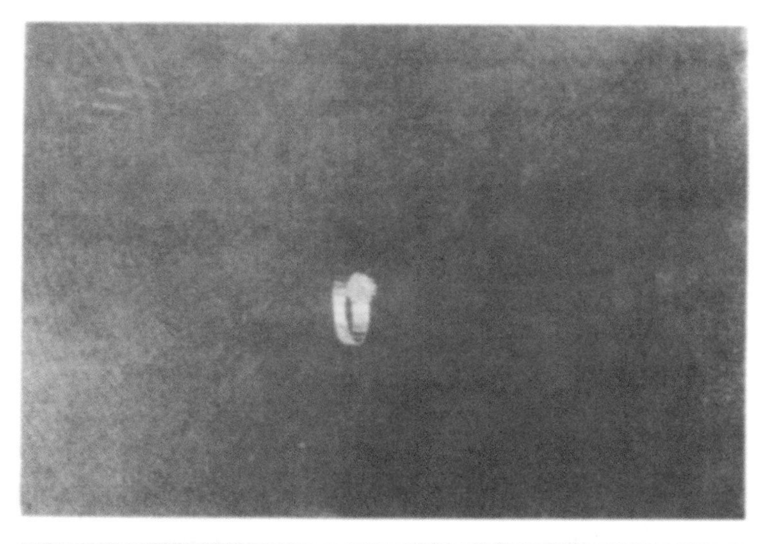

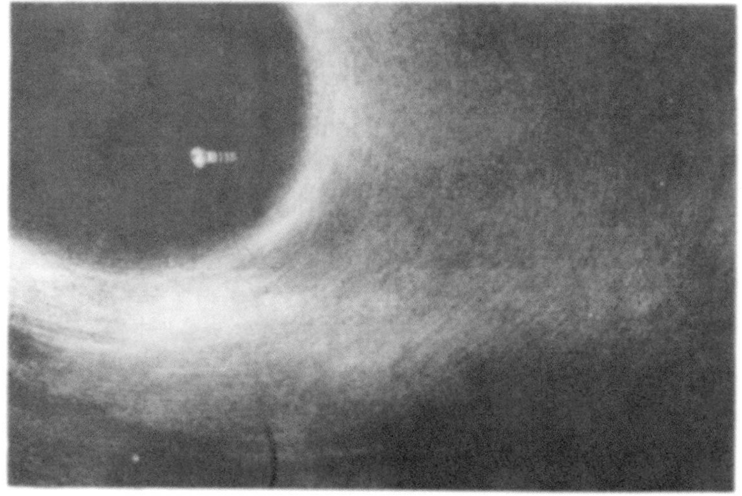

史蒂芬·霍金

我女儿露西出生后不久的一个晚上，当我要上床时，我开始思考黑洞的问题。我的残废使得上床这个过程相当慢，所以我有许多时间。我忽然意识到事件视界的面积总是随着时间增加。我对自己的发现如此之激动，以至于当晚没有睡多少。事件视界的面积增加，暗示黑洞具有熵的含量，它测量黑洞所包含的无序度。而且如果黑洞具有熵，它就必须有温度。然而，如果你把铁钳放在火中加热，它会发红并发出辐射。可是黑洞不能发出辐射，因为没有任何东西可从黑洞逃出来。

邓尼斯·西阿玛

1974年，史蒂芬·霍金首次发表关于辐射黑洞的著名文章。实际发生的过程是，一位以色列科学家雅各布·伯肯斯坦在之前一两年建议，黑洞有些古怪性质使它们看起来像热力学系统。伯肯斯坦建议，也许黑洞正如平常热体一样具有温度和熵，其温度与黑洞的质量成反比。那就意味着小质量的黑洞比大质量的黑洞更热，熵与黑洞水平的面积成正比。[1]

> 热力学是物理学的一个分支，它研究热和能量的关系。热力学第二定律也许是最著名的。它指出，一个孤立系统的熵或无序度总是增加：鸡蛋一旦掉到地上被打碎，不太可能再恢复成原先的形状。

---

1. 雅各布·伯肯斯坦是普林斯顿约翰·惠勒的研究生。他在以色列比尔谢巴的本格乌里恩大学教书多年，现在在耶路撒冷希伯莱大学的拉卡物理研究所工作。

史蒂芬·霍金

广义相对论是所谓的经典理论。它对每一个粒子预言一条单独的、确定的途径。但是根据量子力学，这个20世纪另一伟大的理论，粒子存在机遇和不确定的因素。1973年访问莫斯科时，我和雅可夫·捷尔多维奇，这位苏联氢弹之父讨论量子力学在黑洞中的效应。此后不久我有一个最令人惊奇的发现。我发现粒子会从事件视界漏出来而且逃离黑洞。

我首先告诉了西阿玛这个发现，但是很快就意识到纸包不住火，这个消息保不住。在我吃生日大餐时，接到了罗杰·彭罗斯的电话。他非常兴奋，讲了又讲，以至于我的大餐完全冷了。那是我非常喜爱的鹅肉，所以很可惜。

约翰·惠勒

有一天雅各布·伯肯斯坦走进我的办公室。"雅各布，"我说，"当我把一个热茶杯放在一个冷茶杯旁边时，总是感到很不安。我让热从一个杯子流到另一个杯子，增加了宇宙的无序度，我犯的罪过永远在时间长廊中不断回响。可是，雅各布，如果有一个黑洞在附近徘徊，而我只要把这两个茶杯都扔进去，不就销毁了犯罪证据，是吗？"

雅各布看起来有些困惑，后来他回来告诉我："不，你并没有销毁犯罪的证据。黑洞把你所有发生的事记录了下来。所以黑洞的熵，也就是无序度增加了，因此永远会显现你的罪证。"

黑洞的无序度是多少，伯肯斯坦提供了一个近似值。史蒂芬·霍金和布兰登·卡特读到了伯肯斯坦的结论，他们感到非常困扰，甚至着手去证明这是错的。可是，他们越研究就越发现和他的结论一致。史蒂芬·霍金甚至研究得更深远，他设计出一个方案，用来理解粒子如何从黑洞逃出来以及黑洞的温度不仅是理论上的温度，而且是粒子从黑洞蒸发出来时的真实温度。

黑洞并不是完全黑的。跟太阳一般大的黑洞的大约温度是高于绝对零度的一百万分之一度——很微小，不过仍是有温度。

史蒂芬·霍金

在我和布兰登·卡特合写的一篇文章中，我们指出了伯肯斯坦理论中一个致命的缺陷。如果黑洞具有熵，就应该具有温度。如果具有温度，就应该发出辐射。可是如果任何东西都不能从黑洞逃脱，黑洞又怎么能发出辐射？我必须承认，我写这篇文章的部分动机是不高兴伯肯斯坦滥用了我的事件视界面积增加的发现。最后的结果证明基本上他是正确的，虽然是以他绝未预料到的方式。

邓尼斯·西阿玛

对于和热力学之间的这些相似，霍金起初只觉得好奇。而伯肯斯坦断言，它们是真正的热力学性质。因为史蒂芬·霍金和詹姆·巴丁以及布兰登·卡特在1973年写了一篇非常重要的文章，他们把这篇文章直截了当地叫做《黑洞力学的四个定律》，而不叫着《黑洞热力学的四个定律》，所以你可以跟随他的思想演化。他们探讨这些相似性，但是强调这不是真正的热力学，而且他们有很充分的理由这么说。因为那个时候人们认为，一个热的黑洞仍然不能辐射；而如果一个热体不能辐射，你的热力学就失效，所以这些类比并无深意。

那是1973年的事。然后，在1973年和1974年之间，霍金在研究当一颗恒星坍缩之际，把量子力学效应引进它的外围区域时会发生什么事。他利用复杂的计算发现了：坍缩恒星变化的引力场会存在辐射。他的计算是如此复杂和繁复，对我来说简直是奇迹！

因为在量子力学中，当一个场改变时就会产生并辐射出粒子，所以也许任何人都会预料到上述结果。这个计算中令人始料未及的是，在坍缩的最后阶段，当恒星接近成为黑洞的条件时——也就是当它变成如此紧密，以至于在经典意义上辐射不能再离开黑洞——存在着残余的辐射，而这残余辐射具有黑洞温度表征的热谱。这温度正是伯肯斯坦原先引进的。这是关键性发现。

我记得1974年访剑桥时，遇到了马丁·雷斯，他激动得颤抖。[1]

他说："你听说史蒂芬的发现了吗？一切都不同了，一切都改变了！"

"你说什么？"我问道。雷斯向我解释说，由于量子力学效应，黑洞像热体一样辐射，所以不是黑的。这就引进了热力学、广义相对论

1. 马丁·雷斯是史蒂芬·霍金的合作者，现在剑桥的天文研究所任职。

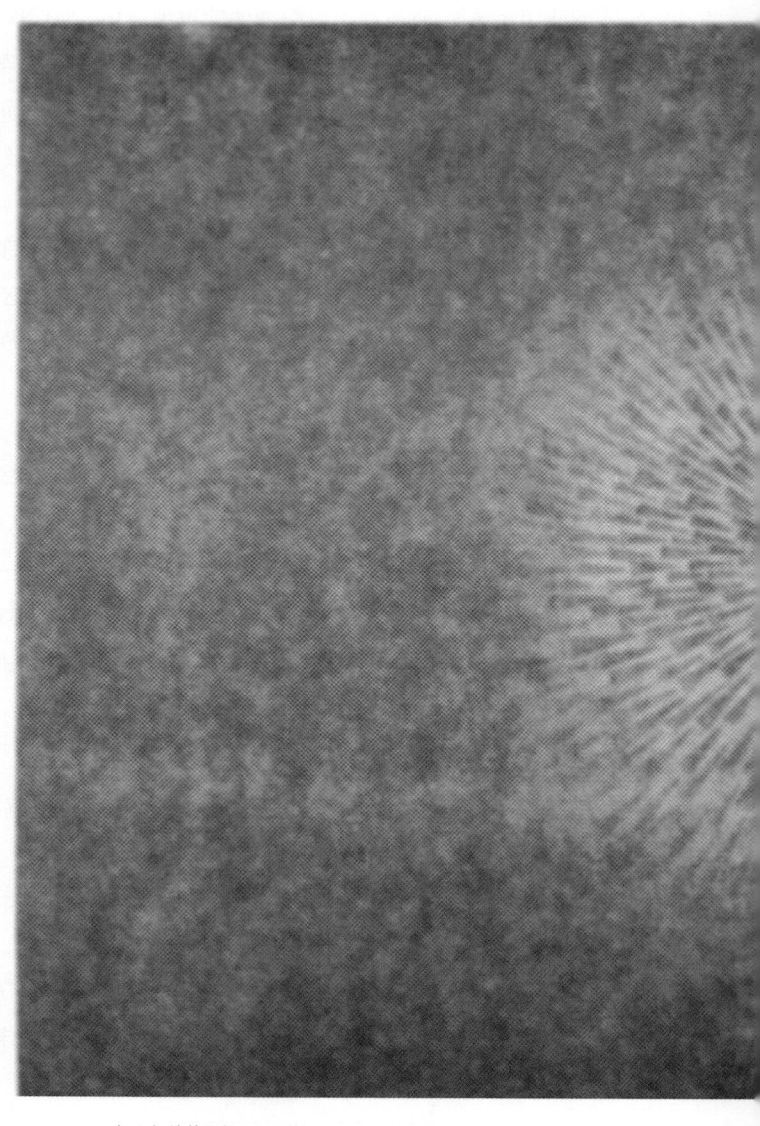

恒星坍缩的图解。一颗烧光自身大部分燃料的恒星最终将凝聚成直径只有几英里的球

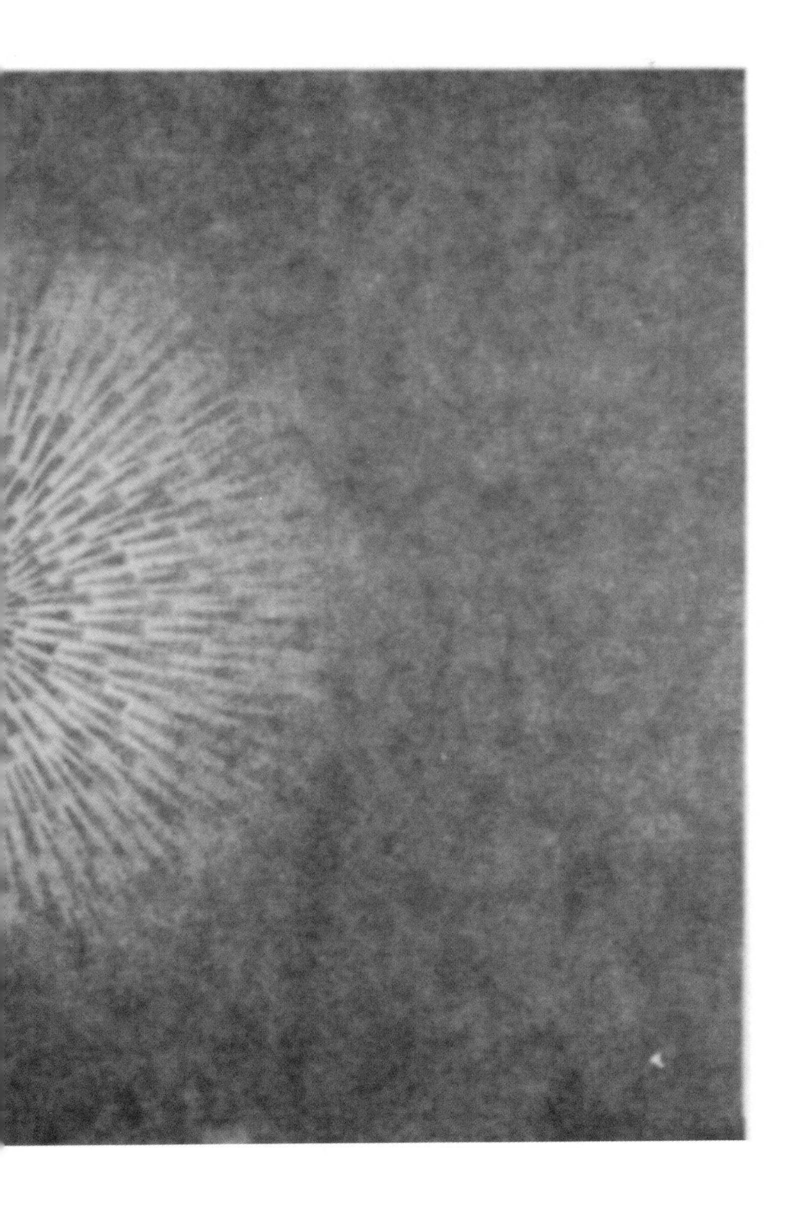

和量子力学的新统一，这会改变我们对物理的理解。

后来由我协助召开的在牛津附近卢瑟福实验室的一次会议，史蒂芬来参加了。大家都很激动，我记得有人站起来说："史蒂芬你一定弄错了，我一点也不相信！"

约翰·泰勒[1]

我曾说过，我并不满意用负能量粒子产生来解释。不过我觉得这是科学争论的一部分。你必须妥协。我为自己能参与其中而感到高兴。这才是其中的乐趣。你知道，如果所有人都坐下来附和说"啊，真不错"，而在大家头脑中仍有悬疑的问题，那就不是对科学负责的态度。但是除了那一次向他质疑之外，我并非反对派。

史蒂芬·霍金

我仍然不能完全相信它。直到我找到了黑洞能够发生辐射的机制后，才使自己信服。根据量子力学，空间充满了虚的粒子和反粒子，它们经常成对产生、分开，然后聚到一起并相互湮灭。黑洞存在时，一对虚粒子中的一个会掉到黑洞中去，而另一个由于失去与之湮灭的伙伴而留存下来。被遗弃的粒子就是黑洞发射的辐射。量子力学允许粒子逃离黑洞，这是爱因斯坦的广义相对论不能允许的事情。[2]

---

1. 约翰·泰勒是最初提出反对意见的科学家。
2. 在量子力学中虚粒子是永远无法直接探测得到的，但是它的存在具有可测量的效应。
每一类型的物质粒子都有一种对应的反粒子。当一个粒子和它的反粒子碰撞时，它们会湮灭，只留下能量。

由于量子力学中的概率和不确定性，爱因斯坦从未接受过它。他说道："上帝不玩骰子。"看来爱因斯坦犯了双重错误。黑洞的量子效应暗示，不仅上帝玩骰子，而且有时候把骰子丢到看不见的地方去。

邓尼斯·西阿玛

雅可夫·捷尔多维奇，这位苏联著名的天体物理学家和宇宙学家也拒绝相信它。可是花了几个月的时间，人们就清楚了，这种论证是正确的。这个发现除了出乎预料的性质之外，它的原始计算是相当复杂的，其效应是由正在发生的更大现象产生的小的残余效应。正如在物理学中经常发生的，一旦人们得到这种观念，他们就澄清讨论，使之更为清晰。几个月后所有人都相信它是正确的，它彻底改变了我们对物理学的理解。

霍金效应描述的黑洞辐射还未被观测到，但这并非霍金的过错。这是因为对于自然产生的黑洞，如可能在天鹅座X-1[1]中的那一个，这个效应太弱以至于观测不到。

他曾经努力寻找观测效应，因为他在一系列有趣的工作中提议，也许存在低质量的太初黑洞。[2]

你瞧，黑洞的质量越小，它的温度就越高。当然，黑洞越热，则

---

1. 天鹅座X-1是离地球6000光年远的一个星座。许多科学家相信它包含一个黑洞。在另一个只能在南半球看得见的星系 —— 大麦哲伦星云中，人们相信存在另一个黑洞。
2. 太初黑洞是当宇宙非常年轻时产生的黑洞。

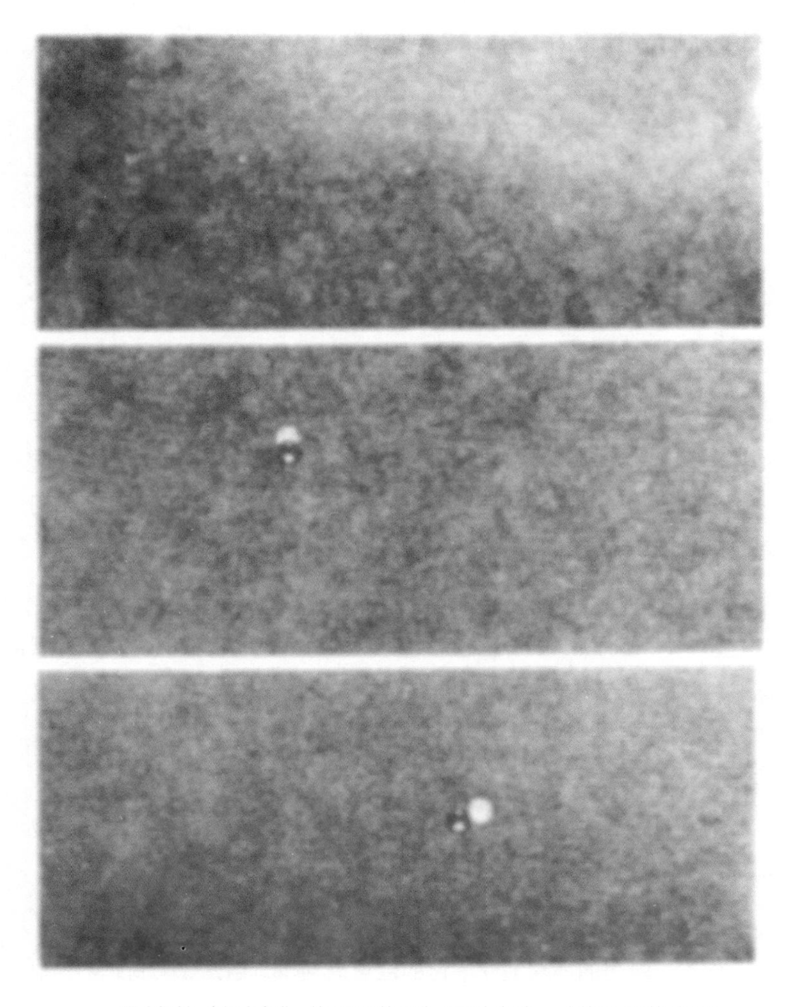

霍金辐射。空间中充满了粒子和反粒子对，黑洞存在时，一个粒子可以掉到里面去，留下它未配对的伴侣，后者以从该黑洞发射出的辐射形式而存在

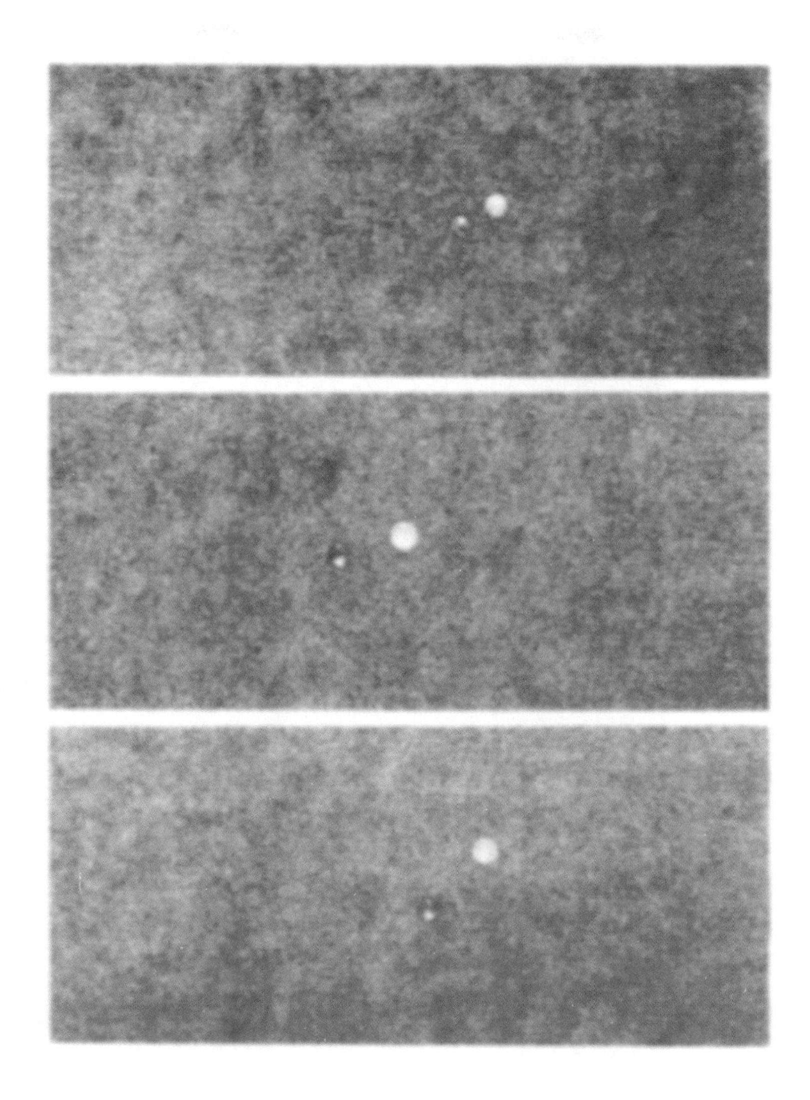

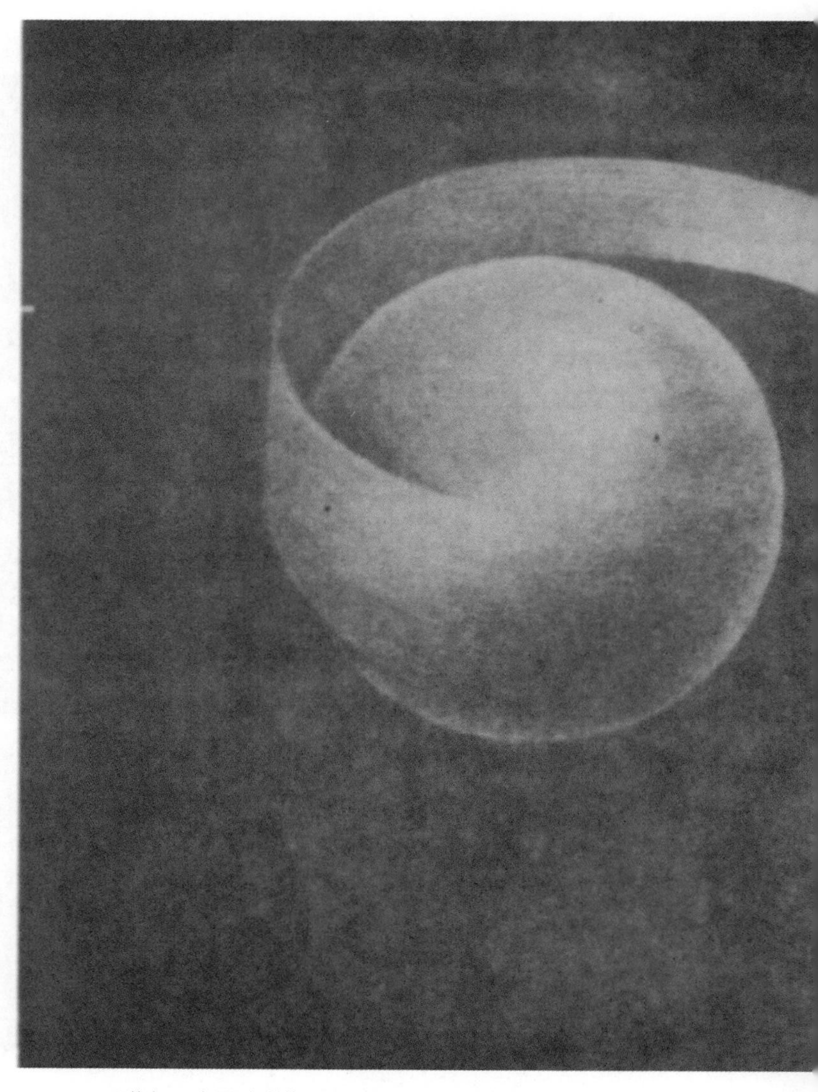

天鹅座X-1中黑洞辐射的图示。天鹅座X-1被认为由互相环绕的一个黑洞和一个正常恒星组成。当物质从那个可见星的表面喷出时，它以涡旋的运动落到它那看不见的伴星上去。这些物质变得非常热并发射X射线

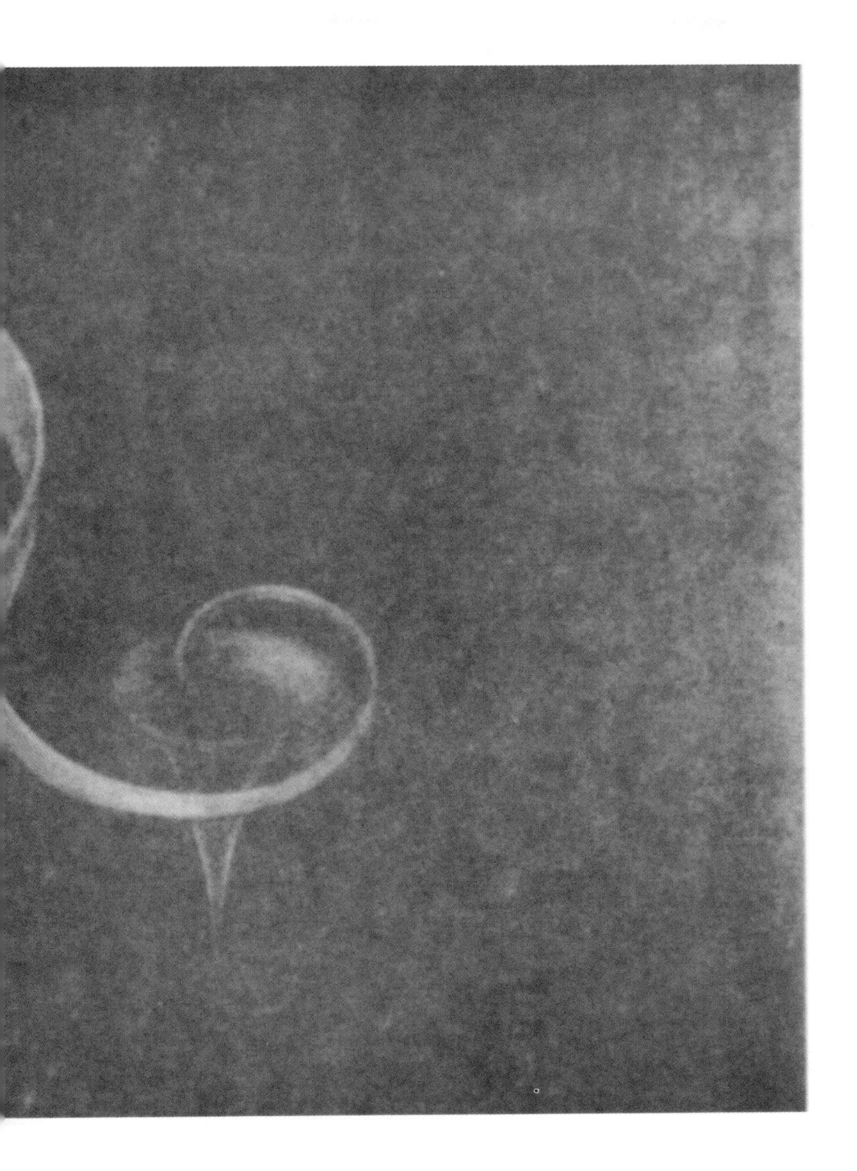

它释出的辐射功率就越大。而且，随着发出辐射并且发生质量损失，它变得更热，辐射得更快。这样，最终的结局是一次剧烈的爆炸。事实上，霍金计算出，除了宇宙本身的大爆炸起源以外，这爆炸比科学中任何已知爆炸都更激烈。

整个问题在于：这个过程需要多长时间？如果有一个太阳质量的黑洞，而且你认为它现在开始辐射，则它需要花费比现在宇宙年龄长大约10^{60}倍才会这么剧烈地爆炸，这个时间真是长得不可思议。可是，如果你有一个质量大约为一座小山那么大的黑洞，它就会在大约宇宙年龄的时间里爆炸。

因此霍金说，具有这种质量且在早期宇宙形成的太初黑洞，也许现在正在爆发，我们可以在伽马射线以及射电波中寻找这些爆炸。由于称作伽马射线暴的起因还不清楚，所以人们有一阵子十分激动地认真寻求从爆发黑洞出来的伽马射线。可是，现在我们已经完全知道，它们并不是史蒂芬的黑洞爆炸。

当然，你没看到它们的事实并不意味着这思想是错的。它可能表明并没有形成许多这么低质量的黑洞。不管怎么说，这些效应太弱了，以致无法直接在实验室里观察到，正因为这个原因未被检测到。

白纳德·卡尔

约翰·惠勒有一次说过，谈论史蒂芬理论犹如在舌头上含一块糖。物理学中的许多突破的确如此。它们和流行观念对抗，但是一旦你拥有它们，它们的四周就有了真理的光环。

基普·索恩

霍金辐射发现的前奏是霍金和捷尔多维奇之间的一次会面，当时我也在场。1973年史蒂芬和简决定访问苏联。由于我对莫斯科十分熟悉，他们邀我和他们同行。这样子我就去了。我从1968年起就和苏联科学家合作研究，经常有来往。

捷尔多维奇是史蒂芬想见的关键人物，反之亦然。在苏联，捷尔多维奇和安德雷·萨哈洛夫得到过的勋章数量仅次于勃列日涅夫，而勃列日涅夫的勋章有点滑稽可笑。捷尔多维奇和萨哈洛夫是苏联氢弹的关键设计者。20世纪60年代初，他们两人都离开了核武器的研制，并开始研究宇宙学、黑洞以及相关的领域。

捷尔多维奇在1969年左右意识到旋转的黑洞应该发出辐射，而这种辐射应是广义相对论和量子理论的结合或半结合的产物。可是捷尔多维奇相信，这个旋转黑洞所发出的辐射会使黑洞旋转变慢，然后辐射会停止。这样，辐射基本上是由黑洞的旋转能量产生的，辐射来自靠近视界外的区域，而发射辐射会使黑洞停止旋转。

1969年捷尔多维奇告诉我，他相信这会发生，但是他的广义相对论的基础不足，证明不了它。他仅仅凭直觉知道这一点。我认为他发疯了，所以我们打赌，他打赌说仔细计算最终将证明这是事实，而我赌这不会发生。

1973年当我和史蒂芬回去时，已经很清楚旋转黑洞必须发射这种辐射，所以输了一瓶白马牌苏格兰酒给他。

但是史蒂芬不知道这个思想。当他得知捷尔多维奇的思想时，捷尔多维奇的解释并不使他完全信服。他要用自己的方式来思考。

史蒂芬回到剑桥后思考了几个月。他意识到，甚至非旋转黑洞也会发射辐射，因此黑洞会蒸发，这比捷尔多维奇的能把黑洞的旋转能量发射出来的结论远为前卫。

捷尔多维奇死于1988年。他真是个了不起的人物。直至戈尔巴乔夫时代，他才得以到西方旅行，不仅因为他是犹太人，还因为他深深地卷入到氢弹的研制。他不理解广义相对论，然而他凭直觉知道旋转黑洞会蒸发。

可是他的直觉并没有告诉他一个非旋转的黑洞会蒸发。事实上，捷尔多维奇是在这个问题上最晚让步的人。两年之后，史蒂芬在数学上指出，一个非旋转的黑洞必须完全蒸发光。那时，我刚好在莫斯科，而且发现没有一个苏联人相信。他们为什么不相信呢？因为捷尔多维奇不相信。

后来我在各研究所做了一系列演讲，描述史蒂芬的原始计算以及他和詹姆·哈特尔合作的不同方式的计算。这些演讲迫使捷尔多维奇和他优秀的年轻学生——亚历山大·斯塔拉宾斯基回去以他们自己的方法重新思考。

即将离开莫斯科前的星期天晚上，捷尔多维奇打电话给我。他说：“到我的寓所来，我有话跟你说。”

我正急切地要完成和某人的合作文章，但只要捷尔多维奇呼唤，我就会毫不犹豫地去。我拦下路过的摩托车，赶到了捷尔多维奇的寓所。莫斯科没有出租车，所以必须挥手招呼摩托车。我进去敲门，发现捷尔多维奇和斯塔拉宾斯基在那里。他们伸出手来说：“我们输了。霍金是对的，我们错了。”

史蒂芬·霍金

黑洞辐射向我们显示，引力坍缩不是我们曾经一度以为的那样，是最后的阶段。如果一位太空人掉到一个黑洞中去，他将会以辐射的形式回到宇宙的其他部分去。从这观点来看，该太空人在某种意义上被再循环了。

然而，当任何人在黑洞中被撕碎时，他的个人时间概念达到了终端，所以这种不朽实在是非常可怜的。

基普·索恩

到1975年止，我为物理学打过许多次赌，除了和捷尔多维奇那一次，每次都赢。我和史蒂芬打了一个赌，它是关于在天鹅座X-1中是否存在一个黑洞。大约在那个时期，为了建立解释天鹅座X-1的详细模型，我做了一些工作，所以我打赌的动机是，如果在天鹅座X-1中果真有一个黑洞的话，则那个模型就不会完全无用。

史蒂芬·霍金

我和基普·索恩打赌说，在天鹅座X–1中没有黑洞，这对我来说像是买保险。我为研究黑洞做了大量工作，如果黑洞不存在，我花的工夫就都白费了。所以，如果黑洞存在，基帕就会得到一年的《阁楼》。

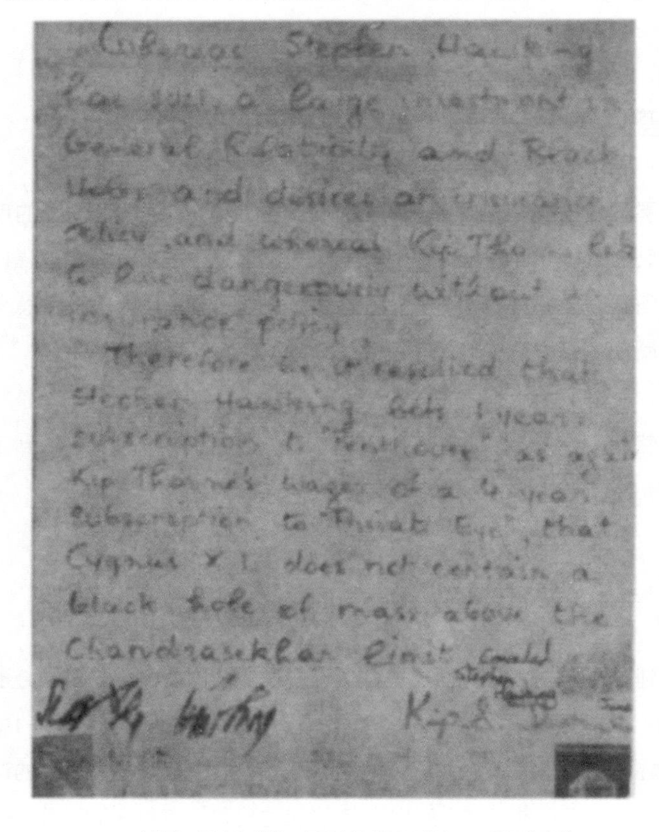

Whereas Stephen Hawking
has such a large investment in
General Relativity and Black
Holes and desires an insurance
policy, and whereas Kip Thorne likes
to live dangerously without an
insurance policy,
Therefore be it resolved that
Stephen Hawking bets 1 year's
subscription to "Penthouse" as against
Kip Thorne's wager of a 4-year
subscription to "Private Eye", that
Cygnus X1 does not contain a
black hole of mass above the
Chandrasekhar limit.

史蒂芬·霍金和基普·索恩之间关于天鹅座X–1黑洞的赌状

如果不存在，我将得到四年的《私人眼睛》作为安慰奖品。

基普·索恩

史蒂芬的手逐渐地不听使唤，他必须开始发展他的几何论证，这样他就可以在他的头脑中以图形来进行这些论证。他发展了一系列非常强有力、任何人都没有的工具。所以，在某种意义上，当你失去一套工具时，你可以发展其他工具。而新的工具比旧的工具对不同的问题更为适用。而如果你是世界上唯一拥有这些工具的大师，那就表示某类问题只能由你解决，而任何人不容置喙。

伊莎贝尔·霍金

他自己说过，如果他没得病，就不会达到目前的成就。正如萨缪尔·约翰逊说过的，你得知会在夜尽天明时被吊死，将使你思想极为专注。若在另外的情形下，我认为如果他不生病，可能不会如此专心研究，因为他总是对生活中许多事有极大兴趣。我不知道如果他能到处走动的话，他是否会以同样的精神献身研究。当然我不能说得这类病是一种运气。但是就他而言，可比其他人少一些不幸，因为他可如此全心全意活在他的头脑中。

史蒂芬·霍金

直到1974年，我还能自己吃饭和上下床。简在没有外界协助的情形下帮助我，并且带大了两个孩子。然而事情变得越来越困难。所以，此后我的一名研究生就和我们同住。

当·佩奇

我通常在7点15分或7点半左右起床，冲一下澡，接着读圣经、祷告。然后在8点15分，我下去帮助史蒂芬起床。我经常在吃早饭时告诉他在圣经里读到的内容，希望这最后总有一些影响。

我记得告诉过他一个故事。故事是说，耶稣遇到了一个疯子，这个人被一群魔鬼附身。这群魔鬼要耶稣把他们转附身到一群猪身上。这群疯猪跑到悬崖边缘跳到海中。史蒂芬提高了嗓门说："哦，保护动物协会不会欣赏这故事，是不是！"

另一个故事是耶稣谈论末日，他说末日来临的时候，有两个人在田里干活，上帝会让一个人上天而另一个留下；还有两个人在床上，一个人上天而另一人留下。史蒂芬在早餐时说："两个人在吃早餐，一个人上天，而另一个人留下。"他理解故事的要点，并且友善地接受。

早饭后，我们开始工作。通常先看看是否有人寄来科学论文。这是一些尚未在科学杂志发表前请人看的论文。因为史蒂芬不能翻动书页，所以我得替他拿着，放在他面前，这也使我有机会阅读它们。

我发现，尽管霍金具有伟大的头脑，他却读得相当慢。我可以用大约他两倍的速度阅读。其原因当然是，让他回头来再找是非常困难的，所以他必须过目不忘。而我只需要快速浏览，如果我有兴趣，并且想再深入研究，可以再回过头来重读。

当·佩奇1976年在基普·索恩指导下在加州理工学院获得物理学和天文学的博士学位。当史蒂芬·霍金在那里做一年访问学者时，他遇到了史蒂芬。当·佩奇是一名福音基督徒；他相信，理解这个宇宙可以揭示上帝的某些方面，但是上帝拥有比这个宇宙更多的东西。从1976年到1979年，当他在剑桥从事博士后研究时，和霍金一家住在一起。现任爱德蒙顿的阿尔贝塔大学的物理教授

基普·索恩

有一次我到史蒂芬和简家做客。晚饭后，在史蒂芬要上床的时候，他自己一个人上楼。我忘记了这是一段还是两段的楼梯。这时史蒂芬已不能走路。他上楼梯的办法是抓住支持栏杆的铁柱把手，并用手臂力量把自己拉上去。要把自己从底层拖到二层需要费时又艰苦地奋斗。

简解释说，这是他复健的重要一环，以尽可能长久地保持他肌肉运动的协调和力量。

当 · 佩奇和史蒂芬 · 霍金在工作

在我明白这缘由之前，看到他受这等煎熬，真是令人心碎。正如对史蒂芬其他的类似事情，一旦你了解他，你就会将那些事视作当然。然而，当你初见到这种情景时，一定会大吃一惊，会用非常感动的眼光看他。这只是日常生活的一部分——他用这种方法把自己拖到楼上去。

伊莎贝尔 · 霍金

我最讨厌的一种事是任何时候身边都有人。我忍受不了那些。然而他发现事情很有趣，他享受人生，他到处横冲直撞。我认为这是难能可贵的。我和他父亲都缺乏这种勇气。我们只能赞赏，而且想不透他怎么得到这种勇气。

在剑桥的街道上，“他到处横冲直撞”

当·佩奇

有一年，霍金一家带我一道去位于威尔斯郡威耶河附近的乡间别墅。这个房子在山上，有一段铺好的人行道通到房子去。我当然希望尽量少走几趟，所以就把备用的电池放在他的轮椅下。可是史蒂芬没有意识到这一点，他不知道他的轮椅的负载已经达到了极限。

他开始上坡并超前我不少——10米左右吧！然后他拐个弯进入房子，但是这刚好在斜坡上。我注意到史蒂芬的轮椅慢慢地往后倾倒下去。我想跑上去扶住，但是没有来得及，他往后翻倒到灌木中去了。

看到这位引力大师被地球微弱的引力所征服，是令人震惊的一幕。

基普·索恩

早在20世纪70年代中期，有一两次，史蒂芬和我讨论他将来的命运。那时他似乎有非常清晰的图像。他说，他预料最终会因为得肺炎而死，虽不知何时发生，可是一定会发生。他还预料，在此之前他的智力不会有任何退化，他对此信心百倍，他对自己的最终命运似乎泰然处之。

第 4 章

1975年，梵蒂冈把授予“有杰出成就的年轻科学家”的庇佑斯十二世奖章颁发给史蒂芬·霍金。他和白纳德·卡尔一同飞往罗马，在梵蒂冈接受教宗保罗六世颁奖。

白纳德·卡尔

那是一个非常感人的场合。在正常情形下，得奖的人必须走到教宗面前去接受奖章。可是，因为史蒂芬不能上前，所以教宗一直走到史蒂芬面前来。

这是一个历史时刻。教会——尤其是天主教会，和宇宙学史之间一向有冲突，这可一直回溯到伽利略时代。史蒂芬对伽利略有极大的亲切感。我记得，我们去梵蒂冈时，他非常渴望到档案馆去查阅被认为是伽利略悔过的文件。在这文件中，伽利略在教会的压力下收回了地球围绕太阳旋转的理论。

科学和教会之间的争论仍然方兴未艾。最后，教会宣布他们犯了错误，事实上伽利略是对的。这使我们感到欣慰。但是我很怀疑，如果教宗真的理解史蒂芬的发现，他是否会认可。

1986年霍金被选为教廷科学院院士之际，教宗约翰·保罗二世和简提蒙以及史蒂芬在梵蒂冈

基普·索恩

我看得十分清楚，从20世纪70年代早期开始，史蒂芬的研究方式发生了显著的改变。这种改变，可用他在1980年左右对我说的话来代表："我宁愿是正确的，而不是严密的。"严密性质是数学家追求的，他们认为正确性需要坚定清晰的数学证明。20世纪60年代和70年代早期，史蒂芬在研究中追求过这种严密性，他试图使每一部分都完全坚定稳固。

近年来，他在寻求真理时变得更富猜测性。譬如说达到了95%的正确性，他就会继续很快地前进。他放弃了似乎在20世纪70年代早期对确定性的追求，而喜欢或然性，从而快速地朝理解宇宙性质的终极目标前进。

史蒂芬·霍金

1981年在梵蒂冈召开宇宙学会议时，我又重新产生了对宇宙开端和命运问题的兴趣。之后我们受到教皇的召见，他刚从那次谋杀中恢复过来。他告诉我们，研究宇宙在大爆炸后的演化是可以的，但是由于大爆炸本身是创生的时刻，因而是上帝的事务，所以我们不应该去询问那个时刻本身。我高兴的是，那时候他不知道，我在会议上刚发表的论题是空间-时间为有限的但是没有边界的可能性，这表明它没有开端，也就是创生的时刻。

因为这篇论文具有相当的技术性，并且采用了一个令人敬畏的题目《宇宙的边界条件》，所以关于宇宙起始的含义不是一下子就那么一目了然。我在该论文中提出：空间和时间在范围上有限，但是自己包容起来，而没有边界或边缘，正如地球的表面面积是有限的但却没有边界或边缘一样。在我所有的旅行中，我从未从世界的边缘掉下去。

在梵蒂冈会议期间，我不知道如何利用这个思想对宇宙行为作预言。但是在1982年和1983年间，我和我的朋友兼同事加州大学圣他巴巴拉分校的詹姆·哈特尔合作。我们指出如何利用这个无边界思想，在量子引力论中计算出宇宙的态。

如果无边界设想是正确的，则不存在奇性，而科学定律就在包括宇宙开端的任何地方都成立。宇宙开始的方式就由科学定律所决定。我成功地实现了发现宇宙如何开始的抱负，但是我仍然不知道它为什么要起始。

詹姆·哈特尔

在量子力学中，我们是用一个系统的波函数来描述它。因此，我们能计算看到的东西的概率。例如，在宇宙的情形下，我们也许对它的大小、形状以及它能显示出空间的三维几何感兴趣。波函数允许我们计算其他不同答案的概率，所以我们也研究其他可能的模式。可是，我们的宇宙不是这样，我们生活在固定的一个量子态中，因此产生了一个有趣的问题：根据什么原则，从许多可能的宇宙态中特别选出一种态，使我们得到一种机制，用以预测或者连接现有宇宙的不同特征？

詹姆·哈特尔是史蒂芬·霍金的哈特尔–霍金设想的合作者。他现为加州大学圣他巴巴拉分校的物理教授，他的研究方向主要是相对论和引力

邓尼斯·西阿玛

史蒂芬的“量子宇宙论”，或者更通俗点讲“宇宙的波函数”是一个新的物理设想。它是说，使用量子力学计算宇宙的行为，要牵涉到高度技巧性的步骤，这些步骤代表了物理作用方式的新假设，因此它们是有争议的，是还没有被确立起来的。

可是，他想指出的是，如果用他建议的步骤计算出宇宙的波函数，那么就能算出宇宙会像什么样子。这是一种非常聪明和卓越的建议，但是并没有公认一定会成功。他和他的学生以及世界上其他地方的人，都在看真实的宇宙是否具有和他设想的理论含义相同的性质，以此来检验这个新理论。他的观点是：这会导致一系列成功的思想。但是，目前这一切还都处于争议的阶段。

> 在经典物理中，人们可以给定所有粒子在同一个时刻的位置和速度，从而描述一个系统的状态。另一方面，在量子物理中，粒子不具有精确定义的位置和速度，相反的，人们所能提供最完整的描述只是所谓的波函数。这可以认为是提供在不同位置上找到该粒子的概率。人们不必再指明该粒子的速度。这些在不确定性规定的程度上由波函数决定。
>
> 在量子理论中，宇宙的态可由所谓的宇宙波函数来描述。它提供了现在空间为以不同方式弯曲的或者翘曲的概率。空间几乎为平坦的概率最大，但是哈特尔和霍金的无边界设想预言，在空间几何中的小波浪的概率相当大。这些对应于引力波，现在人们正用非常精密的测量手段去检测它们。

基普·索恩

描述量子引力——也就是广义相对论和量子理论的结合，有许多方法。我发现最富有魅力的，是哈特尔和霍金在描述把量子力学和引力结合在一起时所采用的方法，我觉得这很合我意。当你在科学(譬如物理学)的最前沿探索时，必须大大地仰仗你自己的体会和感觉。你必须决定你的研究方向，或者为学生指出哪个方向较有可为。这一类指导必须来自于直觉，来自于天性。正如苏联同事所说的，来自于心肝。我打从我的心肝里感到它们是对的。

安东尼·赫维许

我想，过去20年来最奇妙的事情是：我们现在能论证在时间开端后的一百万分之一秒前发生的事。宇宙具有奇性的起始是一个令人惊异的观念。但是，能够有意义地谈论及争议那么早宇宙的物理，对我而言无疑是一场革命。尤其回顾我自己的一生，想到过去我们甚至不知道宇宙是演化的或是稳态的，真是感慨不已。

这还引起了令人敬畏的哲学问题，比如时间有无开端以及这个问题的真正含义。要使物理学家真正掌握这些问题是困难的。

约翰·惠勒

许多人在许多场合多次提出有关宇宙起源的问题：它是如何起始的？

当爱因斯坦第一次探索自己的理论，发现理论断言宇宙不能永远维持尺度不变时，他不信任它的预言。为什么他如此不相信呢？因为他心目中的伟大英雄斯宾诺莎在很久以前反驳了圣经中的太初创世的思想。斯宾诺莎说过：“在不存在任何可以告知钟表何时起始之前的东西，钟表存在何方？”这听起来很矛盾。

当然，当最后发现宇宙在膨胀时，爱因斯坦告诉我那伟大的朋友乔治·伽莫夫：“这是我研究生涯中的最大错误。”

从此以后，他和我都把宇宙膨胀的预言当作强而有力的证据，认为是某种和人类以前理解的一切截然不同的东西，是人类被赋予探索空间和宇宙运行方式的能力的最强有力的证据，以及我们有朝一日能解开这些秘密的最伟大象征。可是，我认为按照量子力学，我们对诸如宇宙如何开端之类的问题会有更深刻的洞察，因为我们在那里意识到了时间的概念本身是一种理想化。“时间”这个词不是上帝从天上赐予我们的礼物；时间的观念是人们发明的一个词。如果它牵涉着一些困惑，应是谁的过错？那是我们发明使用这个词的过错。

有一次，我在得克萨斯州奥斯汀市一个咖啡馆的男厕所看到了一行涂鸦：“时间是大自然避免使所有事情同时发生的方法”，这是我们通常解释时间的简要说法。但是，我们用量子力学观点越深入地探究时间，就得到越多洞察，时间本身也就越显得微妙，在彻底理解这全部图像的过程中，需要解决的困惑就越繁重。

所以，任何询问宇宙如何开始的人都应反躬自问：“你从何处得到时间观念的？”

在量子力学中，电子的位置是不确定的。这种不确定性在正常情形下是可以忽略的，但是它在原子距离尺度下变得很重要，以至于诸如“原子在何处”的问题没有什么有意义的答案。类似的，在量子引力中也存在空间–时间几何的不确定性。这种不确定性在正常情形下也是可以忽略的，可是它在非常微小的距离尺度和时间间隔下变得很重要，以至于诸如“现在什么时候”的问题没有什么意义。尤其是，这意味着时间概念在非常接近大爆炸时变得没有意义。

史蒂芬·霍金提出，使用虚时间也许能取得一些进展。虚时间和实时间的关系，犹如虚数和实数的关系。虚时间物理是物理学的爱丽丝奇境；例如，粒子可以运动得比光还快，甚至可在(虚)时间中向后运动。当然，当描述变成对量子力学的一种近似时，每件事都是对的，没有人可比光运动得更快或者在(实)时间中向后运动。

詹姆·哈特尔和史蒂芬·霍金提出一种方法，把虚时间技巧用到量子宇宙论中，并用它来分析极端简化了的宇宙模型。虽然该模型比实在宇宙大为简化，当它用经典广义相对论处理时，具有大爆炸奇性，但是它的量子力学形式却根本没有奇性。哈特尔和霍金成功地用所谓历史前的时间来取代奇性。

哈特尔–霍金思想是否能成功地应用于实在宇宙，仍是一个未解决的问题。

克里斯多福 · 伊宣蒙

从“无”中创生的观念当然是非常激动人心的，这是使人极感兴趣的东西。哈特尔、霍金的从“无”创生的图像，实际上是以非技术性术语非常形象化地描述数学。你瞧，物理学中正常发生的东西

克里斯多福 · 伊宣蒙是伦敦帝国学院的理论物理教授，他研究广义相对论和量子物理之间的关系

是，在具有传统的因果性和决定性观念的地方，如果给你某个特殊时刻的态，你唯一能算出后来某个时刻的态。这就是人们所说的因果性。按照这个观点，你永远不能从“无”中创生，事实上你根本不可能有创生。你真正拥有的一切是变化：因果性变化，可是这变化属于已经存在那里的东西。这种变化也许牵涉到创生，例如你在CERN[1]的粒子

1. CERN是欧洲核子研究中心，总部设在瑞士日内瓦附近。

加速器看到基本粒子相碰撞而出现一堆新粒子，那看起来像创生，但是你其实只是把能量从一种形式转变成另一种形式，而这整个系统纯粹是因果性和决定性的，每一件东西都只是以通常的方式流动，你肯定不是从“无”中生“有”。

在广义相对论中，时间和空间在公式中表达的方式使实际谈论时间的创生成为可能。麻烦的是，在经典理论中，当空间和时间“开始形成”时，实在的点本身是数学中的奇点，数学失效了，所以它不能给你一个创生论。你在传统的宇宙论中所能说的是，存在许多不同的可能宇宙，它们都和爱因斯坦方程式相符合。我们恰巧在这个宇宙中生活的事实，毋宁说纯粹是出于偶然。你不能赋予任何理由——甚至在原则上也不能。你所能说的一切是条件陈述：假定宇宙在这一时刻处在这个状态，则它在以后的时刻将处于那个状态。它是条件性类型的演化。

然而，当你谈到虚时间，就有一个奇怪的可能性，也就是“现在”不一定要有一连串的过去时刻。如果我们从现在这一时刻往过去回溯，在很长的时间内一切都完全正常地进行，甚至在虚时间中也是如此。只要你使用这个唯象的时间，看起来就像你在通常时间里回溯过去。

但是随着你往以前退去，越来越接近传统的实时间图像中变成原点之处，你就发现时间的性质在改变，复的或虚的变得越来越有分量。最后，在经典理论中应该是奇点的东西被抹平了，你就得到这张漂亮的图画，这些碗状的宇宙创生图像。那里没有起点，只是某种光滑的形状。

哈特尔和霍金所发现的是，如果你假设宇宙在虚时间里的过去历史图像是所有可能的、恰好和我们现在时刻宇宙相符的这类形状，而你多多少少用传统量子力学方式来解释之，至少在原则上你会得到整个宇宙唯一的波函数。

这样，你就得到了这个没有过去的美妙图画，宇宙根本不从任何东西产生出来。因为它是一个自洽的数学结构，所有你真正能说的是宇宙存在。和从某点创生宇宙的图景不一样，这宇宙没有过去，因为没有任何它在其中创生的东西。

如此，宇宙从“无”中创生的说法，实际上有一点用词不当，这是词汇“无”的误用。它不只是指在空虚的空间中出现宇宙，你也许可以把这空间称为“无”，因为甚至连创生事件也不存在，所以根本不存在任何东西！

在这些理论中，动词过去时态的使用变得不恰当。当然，在人们相信实时间时就建立了时态。不幸的是，我们还没有在虚时间中表示时态的语言形式。因此，在这层意义上，说“从无中创生”肯定是误导的。它对于这个在预先存在的时间中忽然出现的宇宙图像很合适，可是它并不是哈特尔-霍金态的贴切描述。

史蒂芬·霍金

为了预言宇宙是如何起始的，人们需要在时间开端处也能成立的定律。在实时间内只存在两种可能性：或者时间往过去回溯直至无穷，

开放宇宙："随着你往后退去，时间的性质随着改变…… 直到你得到这些碗状的宇宙创生图像，那里没有起点，只是某种光滑的形状。"

或者时间在一个奇点处有一个开端。人们可以把实时间认为是从大爆炸起到大挤压止的一根直线。但是，人们还可以考虑和实时间成直角的另一个时间方向。这叫做时间的虚方向。在时间的虚方向，不必要任何形成宇宙开端或终结的奇点。

在虚时间里，没有科学定律在该处失效的奇点，也没有人们需要在该处乞求上帝的宇宙边缘。宇宙既不创生，也不毁灭结束。它就是存在。

也许虚时间才真正是真实的时间，而我们称为实时间的仅是我们的想象。宇宙在实时间里各有一个开端和终结。可是在虚时间里，不存在奇点或边界。因此，也许我们称为的虚时间是真正更基本的，而我们叫做实时间的，只不过是我们发明的观念，用来帮助自己描述我们认为的宇宙的样子。

基普·索恩

宇宙如何终结存在两种基本理论。一种是开放宇宙的观念，它会继续演化，不会突然终止；事情仅仅是缓慢下来，并且按照热力学第二定律到达热死。另外一种是闭合宇宙的观念，它会停止膨胀，而且会向自身坍缩回来，这有时被称作大挤压，像是大爆炸，只不过在时间上颠倒过来就是了。

詹姆·哈特尔

虚时间中的词“虚”不是指想象，它是指数学中非常古老的观念，也就是虚数，譬如-1的平方根，理解这一点非常重要。对于一位给定的观察者，空间和时间当然是可区分的：我们用尺来测量空间，用钟表测量时间。爱因斯坦和赫尔曼·闵可夫斯基在20世纪初指出，不同的观察者的空间和时间概念，只不过是同一个统一的空间–时间观念的不同方面。空间–时间是四维空间几何，它有某些类空间的方向和某些类时间的方向。所以就一定意义上来讲，在那里空间和时间概念仍是可以区分的。

尽管那种观念具有巨大威力，在统一这些概念方面仍然可以走得更远些。如果你用虚数来测量时间方向，那你就得到了空间和时间之间的完全对称，这在数学上是非常美妙和自然的观念。无边界设想就是利用这个数学的单纯化，导致所有可能的宇宙的初始条件中的最简单的理论。

但是，人们不应认为日常经验中可以直接体验到虚时间。它是一种用来表达物理方程式的美丽的数学观念，同时在此情形下，它是一个解释宇宙初始状况的特殊设想。

当·佩奇

霍金的奇性定理指出，爱因斯坦的广义相对论和一定的观测相结合，意味着宇宙在开端处必须有一个奇点。如果你向时间过去回溯，

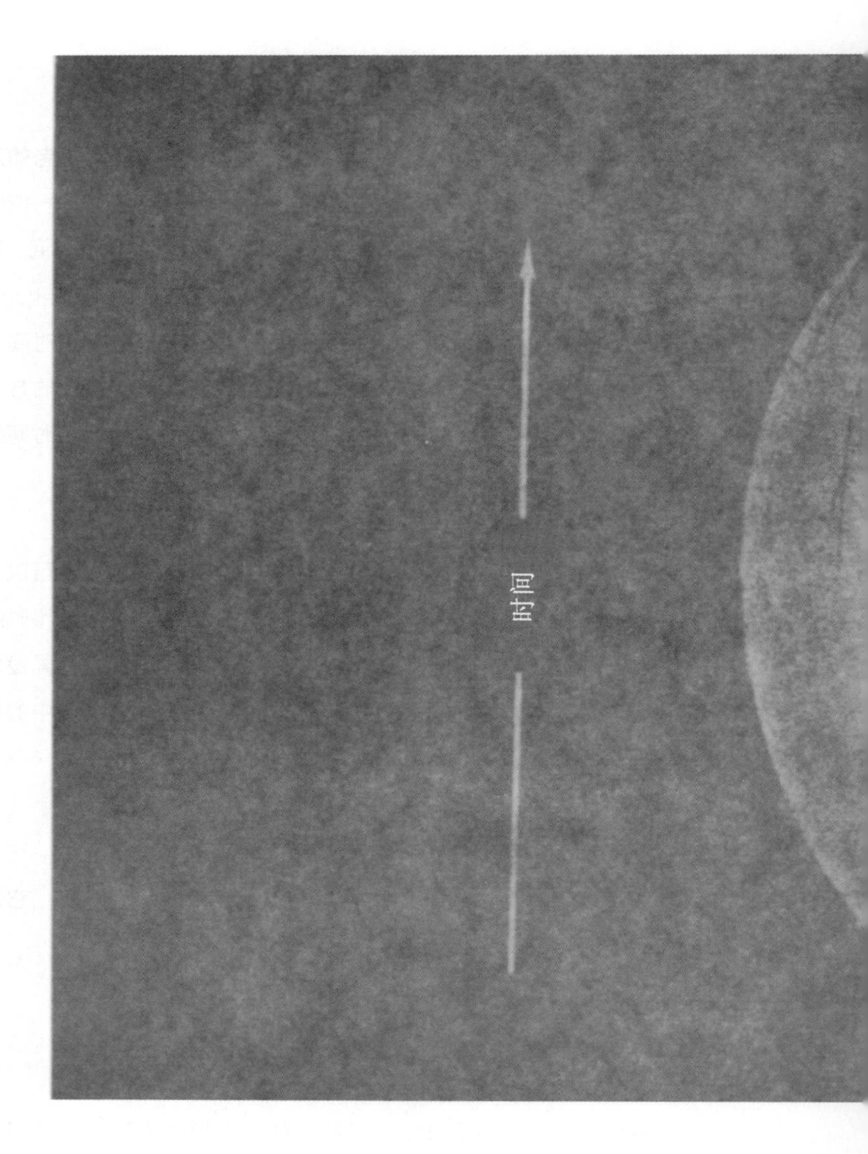

“人们可以把实时间认为是从大爆炸起到大挤压止的一根直线。”

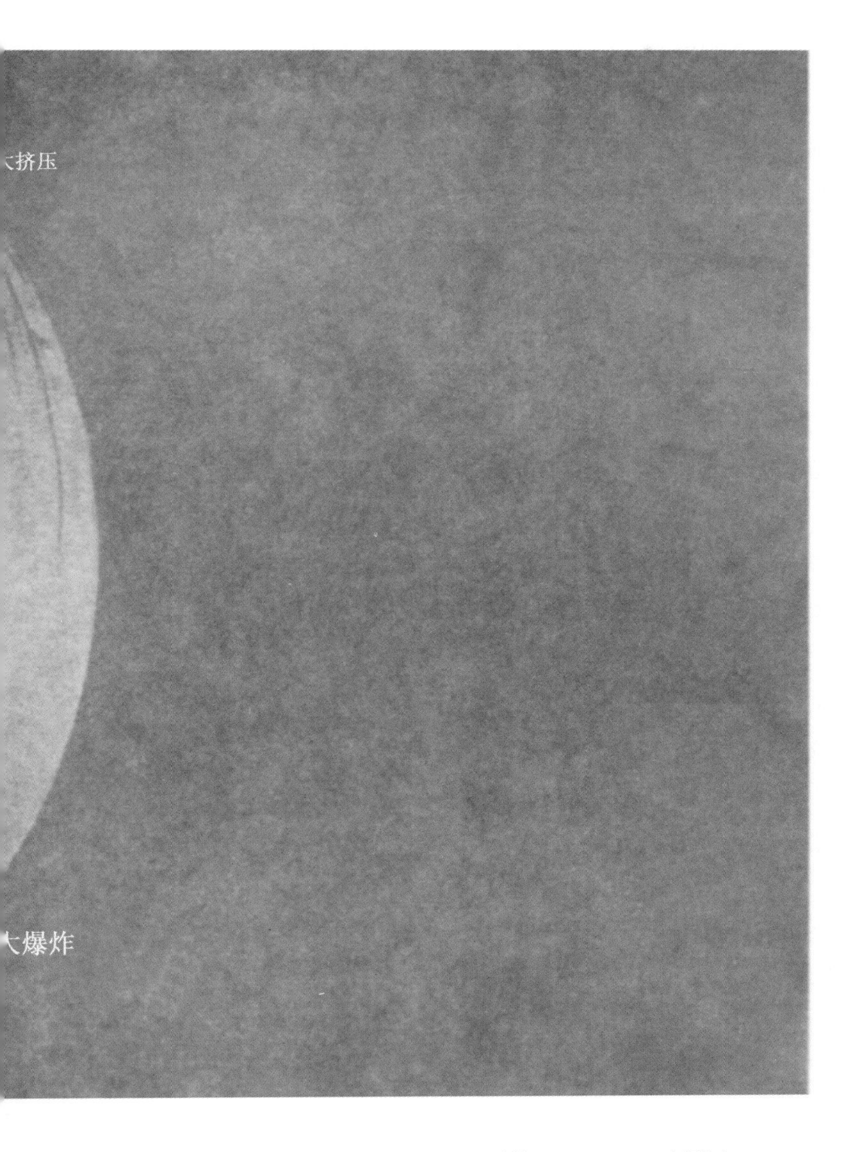

（Time —— 时间，Big crunch —— 大挤压，Big bang —— 大爆炸）

到达某一点就不能再过去了。我们通常将此视为时间的起点。

这扰乱了许多假定宇宙为无限古老的人。霍金的思想指出宇宙有一个开端，有人觉得，这符合创世纪所描述的宇宙在时间中创生；虽然其他神学家说，上帝创世并不见得就发生在我们的时间里。

上帝也许可以创生一个无限宇宙，但是霍金的思想隐含着时间有一个开端。现在，我们当然知道，爱因斯坦理论在非常接近于那个开端处不能成立。所以我们知道，该理论本身在那里失效。这就引起了这样的可能性：也许宇宙是无限古老的，或者也许是别的什么样子的。

现在许多人——包括我自己以及我认为连霍金都觉得时间概念本身在接近开端处失效，因此谈论开端之前是什么并没有意义：在此之前是否有无限的时间呢？还是只有有限的时间？宇宙是否有一个时间上的绝对开端呢？由于时间观念本身在这些极早的时刻并没有多少意义，所以这些问题有些是没有什么意义的。我们能肯定的是，就我们所知，时间有一个开端，可是这开端有一个点，一旦超过那一点，我们标准的时间概念就失效。

在哈特尔-霍金的无边界设想中，宇宙开端的方式是：时间的行为非常滑稽，在技术意义上时间是虚的。这样时间没有边缘，你似乎有一个地球的表面。譬如说你从北极出发，沿着经线往外走。这些经线的确从北极散开，北极是完全规则的。

这就是霍金的宇宙图像：这个虚时间既没有开端也没有终结。它没有必要永远前进。它是有限的，如同地球只有有限的面积一样。在地球上不可能永远继续向北走下去。由于你可以走到最北的一点，在某种意义上，你会走到尽头。但在另一种意义上，在那里并没有真正的终点。

因此，霍金说，宇宙在开端处没有边界，所以宇宙是一个自足的整体。他还论断道，上帝实在没有必要去启动宇宙：宇宙能够自身存在那里，不需要上帝去创造它。

史蒂芬·霍金

许多人相信，上帝允许宇宙按照一套定律来演化，上帝并不干涉演化的过程促使宇宙触犯这些定律。然而，仍然需要靠上帝去箍紧发条并选择如何去启动它。只要宇宙有一个开端，我们就可以设想有一位造物主。但是，如果宇宙确实是完全自足的，那还会有造物主的存身之处吗？

当·佩奇

上帝是否创造宇宙的问题和宇宙是否有边缘并没有直接关联，尽管许多人认为是相关的。它们实际上是不怎么相干的。

例如，我在一张纸上画了一条直线和一个圆圈。这条直线有两个端点，如果我想象时间以那种方式前进的话，则你可把这一个端点称为起点，另一个端点称为终点。如果时间沿相反方向前进，则情况就

无边界设想：宇宙的历史也许和地球表面相似，它可以从和北极相当的单独一点出发，继续延伸到南极，可是既不存在开端，也不存在终结

相反，这一个端点称为终点，另一个端点称为起点。你可将此当成宇宙的一个模型，一个具有开端和终结的宇宙。

这个圆圈表示另一个宇宙。当时间前进时，在某种意义上存在一个最早的时刻；可是如果你沿着这圆圈的线，该线没有终点，它只是不断围绕着。

但是，我自己画了这些线，所以在某种意义上而言，我创造了它们。但是它们是否有开端或终结，对我是否创造了它们的问题毫无影响。

我认为宇宙的情形是类似的。在霍金的旧模型中，宇宙具有一个开端，也许还有一个终结。新模型更像这没有开端和终结的圆圈。在某种意义上它有个最左的端点，这样你能说有某种像是最早时刻和最晚时刻的东西。但是，就更技术性的意义来说，既不存在开端也不存在终结，而且这两种都可以由上帝来创造。我们必须先有信仰，才能问它是否由上帝创造的问题。这是科学既不能证实也不能证伪的事体。

我想，霍金在他的书中小心避免直截了当地公开说没有上帝。他仅说：还会有造物主的存身之处吗？然而我想他希望人们从这里得出何种结论是十分明显的。

约翰·泰勒

我认为，许多人为了解释宇宙极端复杂的性质和宇宙可能没有目的而觉得上帝非常重要。我绝不会排除它对于人们一生的伟大的帮助。

依我的观点，上帝除了可能是第一原因之外，不会和其他细节相关。但是作为一个实用唯物主义者，我认为上帝是按照决定第一原因的定律描述的。怎么描述它，我不知道。可以说我们还没到达开始理解的阶段。

我觉得我们需要继续并更深入了解上帝的性质。因为如果你问我："你觉得上帝是什么？"我会说："它是宇宙的性质。"而且我觉得我们也许会一直继续下去：在我们现有理论的背后总有另一种理论，总可以采取下一个步骤。在某种意义上，这也许是避免必须触及第一原因的方法。

所以，如果一位科学家说"我们已经走到尽头了"，我就会回答"请仔细地想想。也许宇宙的性质的确是无限复杂的"。可能有一个理论具有无限复杂的系统，其中有趋向越来越短的距离的无限的理论序列。我们也许能得到一个超理论，这点我不清楚。事实上，你可以说，如果上帝正如在理论中指出的那样，是宇宙的终极性质，那么无论如何必须对如何去控制这理论有所解释。

在那个问题中牵涉到这么深的逻辑问题，而且我们可能沿着理论序列走的路还不够远，还看不到其中的结构。我们在会走路之前，绝不要急着跑，这也许是真理。

我觉得，宇宙的目的是以必须前进的方式来前进，并且只能以那种方式前进；同时还令人想到某种形式的人类目的，那目的即是达到满足宇宙动力定律的目标。除此之外，我看不出其他目的。

罗杰·彭罗斯

我不清楚人们在与宇宙或者物理定律相关时使用“目的”这个词和个人在企图完成某件事情时所用的“目的”一词的含义是否完全相同。我认为在某种意义上，宇宙具有目的。它的存在不仅是由于机遇。

有些人采取的观点认为宇宙就在那里，并且漫无目的地运转。它有点像在计算，我们刚好偶然地发现自己是其中的一部分。我认为用这种方法看待宇宙，既无成果又无帮助。我想，宇宙和它的存在有些远为深入的东西，我们现在只有非常肤浅的领悟。

约翰·惠勒

我走进一个房间，所有朋友都笑嘻嘻的。我知道他们又出了什么鬼主意。我还是先发问：

“它是动物吗？”

“不是。”

“它是植物吗？”我问下一个问题。

“不是。”

“它是无机物吗？”我问第三个问题。

“是的。”

然后，我问下一个问题：“它是绿色的吗？”

“不是。”

“它是白色的吗？”

“是的。”

我继续下去。但是我注意到我的朋友花越来越长的时间回答。我就是不明白为什么。因为他们心中有这个名词，为什么就不能直接告诉我是或者不是？

我知道我只能问20个问题，而且很快就得在脑中找出某个名词。所以，我最后问一位朋友：“它是云吗？”

他想了又想，直到最后才说：“是的。”然后他们全都大笑起来。他们解释道，当我走出房间时，他们还没选定哪个名词，后来他们达成共识不选定任何名词。任何人都可以随意回答我的问题，只是要附上一个条件：如果我挑战而他不能回答，则他便输了。所以对我们每个人而言，其棘手的程度完全一样。那个名词在我进来以前并不存在，只是视我选的问题而存在。然而其存在不仅仅是通过我的问题，同时也通过我的朋友们的反应。

电子的情形也是如此：我们从前认为存在于原子中的电子具有位置和速度，现在我们知道它在原子中没有位置或速度。直到我安装好测量仪器去测量才得到答案。所以，世界不可避免地具有这种参与品格：我们不仅是观察者，在我们有权断言已经发生的事物中我们也是参与者。

由于和旧观念相冲突——譬如爱因斯坦认为宇宙早已独立存在，宇宙的这种参与品格成为量子论最富有挑战性、最能刺激人们寻求解释的特色。爱因斯坦对量子理论的这种认为我们多少被牵扯到致使我们说已经发生的事情之中的观念感到不满。因为他年轻时，经过内心苦苦挣扎之后得到的观点是：世界是独立于我们而存在的。在量子物理中，情形刚好相反。

在量子力学的论争中，我曾与另一位伟大的人物——哥本哈根市的尼尔斯·玻尔合作过。我认为在过去几世纪中，从未有过比玻尔与爱因斯坦之间更伟大的，或者更高水准的，延续了28年之久的同行论争。简单来说就是：世界是否像爱因斯坦认为的那样独立于我们而存在，或者正如玻尔认为的，在某种意义上因为我们选择测量仪器，而使我们和测量的结果有些相关？包括我本人在内，物理界大多数物理学家都觉得，这场辩论已经由玻尔得到决定性的胜利而告终。

今天，对于物理界的许多物理学家而言，量子理论是一台魔术香肠绞碎机：你把固态理论放进去，你把原子理论放进去，你把激光理论放进去，总之你把任何物理问题放进这个20世纪最高的物理原则这台香肠绞碎机中去，你转动把手，答案就会出来。

事实上，量子理论不是可以简单分析的。它是一种不可逃避的东西。它向我们展示，我们所说发生的事物，或者我们有权利说发生的事物，不可避免要依赖我们的测量选择。这种选择是不可挽回的，没有机会逆转它。因此，我们在此得到了解释存在真相的革命性的一面。

人们最后一次访问尼尔斯·玻尔时，他显得快乐、有兴致、风度迷人、关心别人。他不知道自己第二天就要死去。他评论道，某些哲学家没有意识到量子理论中有些关于世界的真正新发现，正如他说的："具有非常伟大的重要性。"他还写过有关我们真实世界的观点不同于我们早先所以为的以及我们如何注定要进行一场革命性的变化。爱因斯坦在最常被论及的一篇文章中说道，按照他的理解，量子理论和每一种合理的真实世界观念都冲突。玻尔对此的回答是："你的实在观念过于局限了。"

詹姆·哈特尔

任何超过12岁的人都知道，在这个世界上没有确定性这回事，因此物理学必须面对概率。

有人认为，人类因为无知，也就是还没拥有对世界足够精细和准确的描述，才和概率打交道，若是我们找到那个描述时，就拥有了确定性。这只是经典物理的幻象。60多年来，我们知道这种幻象是错误的。或然性是根本的，不确定性是不可回避的。所以任何东西，尤其是宇宙的量子力学理论并不预言一个特殊的宇宙时间历史。相反地，它预测将发生的各种可能性的概率。

有些事物当然比其他的事物更具有可能性，量子力学规则告诉我们这些事物是什么。而且我们讨论的宇宙历史是一直回溯到开初所有的事件。没有任何一类事件是被物理定律立法规定的；所有事件都是可能的，只不过其中一些比另一些的概率更高而已。量子宇宙学的任务是，指明由量子理论预测到的概率非常高的事物。

各种不同的宇宙和各种不同的历史，有时被认为是同样真实的，我认为这种观点并没错。和概率打交道的量子力学理论正是必须处理不同的选择组合，因此人们能说，它们都是同样真实的。可是，更准确的说法是：我们是在处理整个集合的可能性集合，集合中的任何一种可能都曾发生，其中一些比另一些更可能发生。

史蒂芬·霍金

有一次爱因斯坦问道："在建造宇宙时上帝有多少选择呢？"如果无边界假设是正确的，在选取初始条件上，上帝就根本没有自由，而只有选择宇宙要服从的定律的自由。

然而，也许这种选择并不算回事。也许只存在一种统一理论，该理论允许像人类那么复杂的结构存在，而且他们能研究宇宙定律和探索上帝的性质。

第 5 章

白纳德 · 卡尔

当史蒂芬和我在加州理工学院时，我们在午餐时讨论过名望的性质。他提出的定义是，名望是知道你的人比你所知道的人更多。午餐后我们回到系里，有一个人从旁边走过并打招呼：“你好。”我不知道他是谁，因此我说：“史蒂芬，那是谁？”史蒂芬看了我一眼，他那时还能讲话，他说：“那是名望。”

史蒂芬 · 霍金

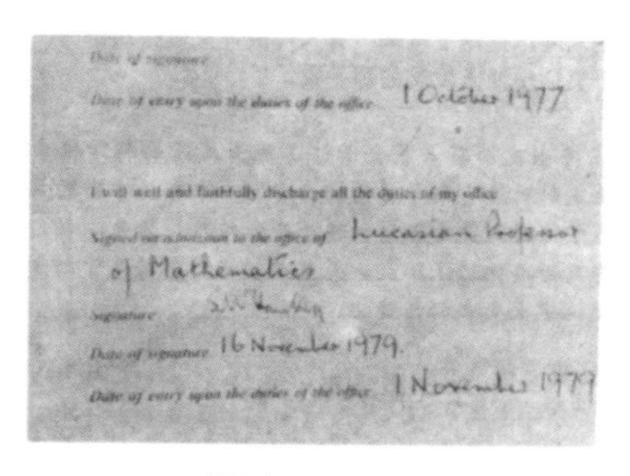
Date of entry upon the duties of the office 1 October 1977

I will well and faithfully discharge all the duties of my office

Signed on admission to the office of Lucasian Professor of Mathematics

Signature S.W. Hawking

Date of signature 16 November 1979.

Date of entry upon the duties of the office 1 November 1979

“这是我最后一次签名。”

1979年我被选为卢卡斯数学教授。这是伊萨克·牛顿曾经担任过的同一教席。他们有一本大书，每个大学教授都必须在上面签字。在我担任卢卡斯教授一年多后，他们意识到我从未签过字。所以他们把这本书带到我的办公室来，我勉为其难地签了名。这是我最后一次签名。

白纳德·卡尔

我很敬畏我的导师史蒂芬。人们对自己的导师总有点敬畏。而当导师是史蒂芬时，他显然会使人更加敬畏。

另一方面，当我在史蒂芬家生活了一年后，他成为我的朋友，所以我对史蒂芬知之甚详。史蒂芬在那些日子里仍然能讲话，是以一种和他不熟悉的人很难理解的方式讲话。他仍然做学术报告，尽最大的努力使人们听懂。但是，通常我们开会时，史蒂芬的学生或者他的家人必须经常做翻译。

随着岁月流逝，情况越来越严重。有一次史蒂芬离开酒会，有人帮助他下楼。史蒂芬想对这个人说点什么，可是这个人听不懂，所以史蒂芬自己就不停地重复。这个人变得非常忧虑，并且想道："我的老天，这也许非常严重。史蒂芬可能病得很重。"因此，他急急忙忙离开史蒂芬跑到楼上来，"快来帮助我，史蒂芬需要帮忙！"

每个人闻讯都跑下楼来，有人能翻译史蒂芬所讲的，他只是在讲一个笑话中使人发笑的那一段。

1982年当史蒂芬·霍金面临着他女儿露西新学校昂贵的学费时，决定针对没有科学背景的读者写一本有关宇宙的书。1984年他完成了《时间简史》的初稿并进行修改。后来，在一次访问瑞士日内瓦时，他得了肺炎，并且必须进行急救气管切开术，这种手术使他完全失去讲话能力。

布里安·维特

他在瑞士生病了。回来时，他必须靠通气管呼吸，在他的喉咙插入了一根管子。从那个时候起他就不能讲话了。

我记不得他在剑桥住了多久的加护病房。可是在那个时期，也许有两个月之久，由于他不能和护士交谈，所以每周有两三天我就在医院中过夜，不仅是因为他病情严重，也因为护士根本不能理解史蒂芬要什么。如果他不舒服，她们不知道为什么。我们一些人实际上全天候在那里。

很长一段时间以后，至少感觉像很久以后，有人发明了一种聪明的玩意，一块中间开一个洞的塑胶板配上字母。当你把塑胶板举在你和另一个人之间，他盯着字母，你就能说出他在看哪个字母。大部分时间你能做到这一点。有时不能完全确定，所以必须耐心地把他想要的说出来。他们挑“A”，而你说“A？”这正和猜谜语一样。

史蒂芬花了很长时间，才能接受利用电脑沟通的主意。这不仅是“啊，我不想麻烦”，而是“我不要这么做”。史蒂芬不愿意接受他不再

布里安·维特从1982年到1985年，在史蒂芬·霍金指导下写有关量子引力的博士论文，之后以研究员身份和霍金工作三年。现在在剑桥开了一家电脑公司

能讲话的事实。他认为找到一种言语以外的沟通方法是表示屈服。

我记得有一天晚上去他那里，他第一次叫我帮他起床去用电脑。在打了“你好”以后，他打的第一句是：“你愿意帮助我完成我的书吗？”史蒂芬在这类事情上总是非常礼貌的。

史蒂芬·霍金

在手术之前，我说话变得更不清楚，只有少数和我很熟的人才能理解。我要依靠向秘书口授来写科学论文，还要通过一名译员来做学术报告。气管切开术使我完全丧失了说话能力。

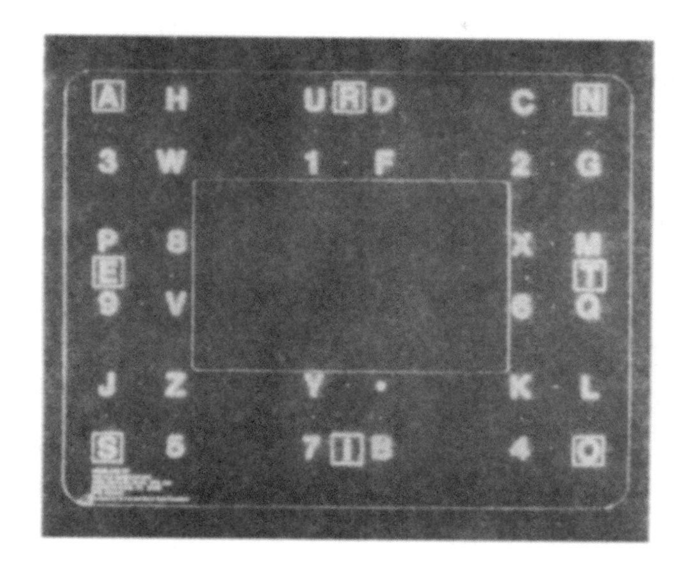

在一段时期内，这台装置是史蒂芬·霍金用来交流的唯一方式

布里安·维特

他能综观事物如何运行。当他不愿说“看这篇论文，这就是证明”，史蒂芬是试图理解世界运行的方式，他说：“根据我的理解，这必须是它运行的方式”，而不是根据他当时已知的可以证明这一点。

当然，有时他也会弄错。有时他告诉你一些东西时，你会离开去计算，然后回来对他说“看，你弄错了”，而他不会相信你。以后你会谈论这些，你会在两周后意识到他是对的，他的预感比你的计算强得多。我认为这是他头脑中非常重要的一面：靠直觉思维而不必一步一步推算，跳过简单计算而直接得出结论。

我们两人都有谈论科学的强烈欲望。让科学家以外的人理解科学为何物是很重要的。我们都热切希望写一本大众要读的书，尽管我们从未预料过后来发生的事。

史蒂芬不愿在精确性上作任何妥协。你有时当然必须润饰一下，也不可能解释每一个细节，可是要尽量地做。如果你使用比喻，你不愿意在第一道障碍即告失效。你希望使用足够精确的比喻，使得如果有人要利用它思考时，他们不会把这种比喻过分外推而使之丧失意义。我们花费大量时间来讨论比喻，并且推敲其可行性。例如，史蒂芬在第一稿中要用科学术语来解释某些东西，后来他说："噢，没人能理解那个。让我们使用比喻来取代。"我们刻意一步步地这么做。现在，其中的一些比喻当然是沿用爱因斯坦或其他人历史性的解释，可是有些是我们提出或加以改善的。

例如，我们用这样的一个比喻来解释如下复杂概念：在低能量时显得不同的粒子，也许在高能量时实际上是相同的粒子。你说："我们这里有不同的东西，而且我们能看到并能解释它们如何不同，它们具有不同质量、不同性质等。"然后你会说："但是根据我们的理论，这些东西在高能量时是同样的东西，它们只是在低能量时显得不同。"那么，这是什么意思呢？

我们使用轮赌盘上转动的球来比喻。当旋转轮盘时，球会快速滚动并接触到任何一个数字。所以球停在轮盘的任何格子内实际上概率是相同的。随着整个系统慢下来并损失能量，它最终会落到一个数字上，譬如22。22这个数字并没有任何特殊之处。能量降低时，同一个球可能落到任何其他格子内。而且如果你重新旋转轮盘以增加能量，那么它又会一蹦一蹦地跳跃，并可能落到其中的任何一个数字上。

这就是苦思熟虑后得到的一个比喻。我们想要得到的是一个可以摹像的比喻。

因·莫斯

史蒂芬上午离家，自己操作轮椅，11点到达办公室。因此大部分人也在11点到。之后我们开始喝咖啡聊天。一直到中午左右去吃午饭，午饭从中午1点左右开始，直到下午3点左右结束。

因·莫斯是史蒂芬·霍金20世纪80年代初在剑桥的研究生。现在在纽卡索大学任物理讲师

大家会问史蒂芬对他们的研究或者任何有趣东西的看法，不停地讨论，如果必要的话可以花费整个下午的时间。我们老是坐在咖啡室里讨论，还能完成任何工作真是奇迹。我已记不得我们什么时候曾坐在办公室里做研究。那种气氛很好。

布里安·维特

主要因为史蒂芬愿意为学生花费大量时间和心力，所以他是一位非常好的老师。很多大学教授显得非常疏远，他们很少和学生见面。史蒂芬整天都和学生见面。

他说的话几乎无法听得懂，只有几个人能听懂他的话。后来当他失声后，情况当然也就改变了。可是在某些方面反而变得更好了，因为失声后，他反而能和每个人沟通了。

克里斯多福 · 伊宣蒙

在他仍能讲话的日子里，还是有可能理解他说的话。但我发现如果我离开很久，就会丧失这个能力。不过当我回到他身旁时，在两三分钟里又可以重新明白他的话。有时候当他与不熟悉他的研究生讲话时，而不能使他们理解他讲的话，他肯定会非常懊恼。现在由于使用语言合成器，情况当然也就不同了。

史蒂芬 · 霍金

在做气管切开术后的一段时间里，我唯一的沟通方法是一个字母一个字母地把词拼出来。在某个人指着拼写板上正确的字母时，我就扬起我的眉毛。如此进行交谈当然十分困难，更不用说写科学论文了。

然而，加州一位电脑专家听说我的困境，就给我寄来一套电脑软件，它能让我从屏幕上一系列的目录中选择词汇，只要我按手中的开关即可。这个软件也可由头部或者眼睛的动作来控制开关。当我累积了足够多要说的话，就可以输送到语言合成器。这台合成器连同一台电脑安装在我的轮椅上。

这个系统使我与人交谈比以前容易得多。我可以在1分钟内组合15个字。我可以把所写的文字用合成器说出来，或者存到磁碟里。

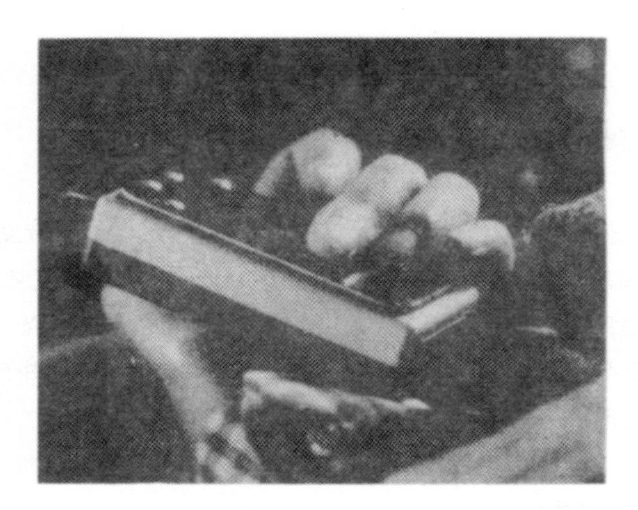

史蒂芬·霍金用来操作他电脑程序的装置。它可由他的手、头或眼睛的运动控制。它因开关所产生的声音而被称作“排字工”

附在轮椅上的电脑屏幕

一个人的声音很重要。如果你的声音含糊，人们很可能以为你有智能缺陷。我的合成器是我迄今为止所听到最好的，因为它会抑扬顿挫，并不像一台机器在讲话。唯一的问题是它使我说话带有美国口音。

法兰克·霍金在史蒂芬气管切开术的恢复期间得了重病，并于1986年去世。

玛丽·霍金

我父亲花费极多时间研究所有被试过或已知的运动神经疾病治疗方法。他的同事说，他等于停职一年在做这件事，接触任何可能知道或尝试过任何方法的人。甚至直到今天，我仍然陆续收到寄给他的有关慢性病毒的研究论文。

伊莎贝尔·霍金

他父亲的死使他非常难过，这是一件悲惨的事。史蒂芬做完气管切开术后在医院住了很长的时间，并且没有特别合适的车可供他往返。让他回来非常困难，我去看史蒂芬也是同样困难，这是因为他父亲需要我。玛丽是一名医生，所以由她就近照料。所以除了玛丽外，没人意识到他们父亲已经濒临死亡。她打电话给史蒂芬并告诉他。他以前都不知道。我想他第二天就赶回来了。他非常喜爱他的父亲，可是后来他们变得相当陌生，最后几年也很少见面。

我认为史蒂芬对他父亲的研究毫无兴趣，而他的父亲从未试图使史蒂芬对它感兴趣，因为他们的兴趣截然不同。但是，他们有许多共同点。因为他简洁的思想，对史蒂芬是一种莫大的启发。

史蒂芬在他父亲死之前正在写《时间简史》，所以我认为他们在此书的早期阶段就讨论过它。我想，事实上他父亲读过初稿，而且非常感兴趣。

力学(不管经典的还是量子的)不能区分时间的方向。如果你为绕太阳公转的行星拍电影，并把它由后往前放，反演的运动就和原先的一样很好地服从牛顿引力定律。它在原则上可以是某个遥远太阳系行星的实际运动。

可是宇宙具有一个较偏爱的时间方向。恒星把它的核燃料烧掉、动物变老、人们记住过去而不是将来的事。更有甚者，所有恒星、动物和人都往同一方向做这些事，而不是我们一些人记住过去，而其他人记住将来。有一个普适的时间箭头存在。

人们在一个多世纪前就已经理解了时间箭头是怎么引起的。取来一副新牌，并用任何方法洗牌。洗三四次并且在每次重洗之前记录牌的顺序。得到这种记录的人毫不费力即能把它们按时序排列。第一个记录即是盒子是新的时候，牌按照顺序排列。下一个记录是牌有些乱，再下一个就更乱些(在洗了四五次后，纸牌就变成完全无序了，而这个过程就失效了。但是，如果你想象用比52张多很多的牌开始，你要进行比其更多的次数这才会发生)。

这与如何洗牌的细节无关。更重要的是你必须从一副新牌开始，而且这副牌具有高度顺序的条件。按照热力学第二定律，不仅仅是洗一副牌，任何力学过程都会增加(至少不会减少)一个系统的无序度。如果宇宙，正如一副新牌那样，从一个高度有序的条件开始，这个原则足以解释所有观察到的时间箭头事件(尽管在某些情形下，展现这理论的推理过程既冗长又困难)。

因此时间箭头的一个完整解释必须说明为何宇宙是这样开始的。这是宇宙学的问题。

史蒂芬·霍金

如果宇宙停止膨胀并且开始收缩时，将会发生什么呢？热力学箭头会不会倒转过来反演，而无序度开始随时间减少呢？我们会看到破杯子的碎片集合在一起，并从地板上跃回到桌子上吗？我们是否能记住明天的价格，并在股票市场发财呢？我觉得宇宙在坍缩时，会回到一种光滑有序的状态。如果情形果真如此，则人们的生命在收缩时会往过去回溯。他们先死后生，随着宇宙再次变小，他们会变年轻。最终他们会消失并回到子宫中去。

雷蒙·拉夫勒蒙

他给了我第一个研究问题。实际上当他给一个问题时，已经差不多知道答案应是什么。我仔细推敲了几个月才理解他给我的问题。我回来对他说：“史蒂芬，这是我的答案。”

他对我说：“不，那不是我所预料的。”

雷蒙·拉夫勒蒙是法裔加拿大人。1984~1988年他在史蒂芬·霍金指导下学习。他关于量子宇宙论/宇宙波函数的研究推翻了霍金的在宇宙收缩时，时间箭头会反向的理论。他现在是剑桥彼得学院的研究员

但是我说："史蒂芬，那是我得到的答案。"

我走到黑板前进行解释。他说："你想过这种特殊情形吗？"

我说："噢，我没有。"

因此，我回去计算他对我所讲的，几周后又回来。我说："史蒂芬，我没有得到这个。我仍然得到原先的那个答案。"

他说："不，不，这不行。你想过那个没有？"我说："噢，没有。我忘记了那种特殊情况。"

这样我又回去开始重新计算。我再次得到同样的答案。因此我回

“如果宇宙停止膨胀并开始收缩时，将会发生什么呢？热力学箭头会不会倒转过来，而且无序度开始随时间减少呢？我们会看到破杯子碎片集合在一起，并从地板上跃回到桌子上吗？”

去见史蒂芬。这大约拖延了两三个月。他最后说："也许你有一个近似不能成立。"于是我和一位合作者决定利用电脑来计算。这花费了大量时间，写出所有程序，把它算出来，还得保证程序是正确的。

我们仍然得到我以前得到的同样结果。

此刻，刚好当·佩奇进来了。他说："雷蒙，我对那个结果十分感兴趣，因为我得到大致相同的结果。不过是从不同的角度。"

于是我们决定必须去说服史蒂芬，在时间箭头特定的领域内我们是对的。我记得当告诉我："我们最好慢慢进行。先使史蒂芬对我们的假设信服，再告诉他最后的结果。因为如果我们告诉他结果，而这结果又不是他要的，他就会下结论说我们的假设有什么地方错了。"相反地，我们决定在告诉史蒂芬结果前，先确立我们的假设，这样他才会同意。我们共花了大约1个月，最后才说服史蒂芬相信我们是对的。

史蒂芬·霍金

我犯了一个错误，原因在于我用了一个过于简单的模型。当宇宙开始收缩时，时间不颠倒方向，人们会继续变老，所以不能指望等待宇宙收缩时去恢复你的青春。

史蒂芬·霍金在他办公室的书桌前

白纳德·卡尔

在某种意义上，史蒂芬永远在面临着死亡。随时死亡的可能永远存在。我认为在史蒂芬的事业发展中，这是一个重要的因素。因为他意识到时间可能是短暂的，他必须非常快速地工作，所以他决定专心一致地迅速工作。

我认为一个鞭策史蒂芬前进的原动力，是他要理解宇宙的坚定决心。我们谁也逃脱不了死亡，对于史蒂芬更是如此。因而它提供了一个强烈的动机。

从书桌后面看到的情景

人们总爱提的一个问题是：如果他没有生病的话，能否对科学做出如此伟大，甚至更伟大的贡献？他的残疾是否阻碍了他的科学贡献，这我并不清楚；如果他没生病的话，也许不能产生这么多好的成果，所以我认为各有利弊。

史蒂芬·霍金

宇宙有两种可能的结局。它可以永远地膨胀下去，或者它会坍缩而在大挤压处终结。我预言宇宙总有一天会终结于大挤压之处。然而，我比其他的末日预言者都占便宜，不管100亿年后会发生什么，我不期望自己会活到那时候而被证明为是错误的。

1988年8月，史蒂芬·霍金和当·佩奇以及佩奇一岁的小孩合影于他的书房里

当·佩奇

我们最近住在莫斯科的一个饭店里，那里有一间小小的舞厅。史蒂芬想找我们中的一些人去跳舞。我们中没人有这等勇气。但是后来在我们出来的路上，大家都得通过这舞厅，而史蒂芬在大厅里转动着他的轮椅，真是一大奇景。

因·莫斯

轮椅是旅行中的一个后勤问题。因为它必须放到飞机里同行，如果把它放到行李舱里，那么史蒂芬就必须在附近花一两个钟头等待行李出来，在这之前没有地方可以安置他，这可是一个大问题。有一次他十分坚持，空中服务员也就同意把轮椅放在头等舱的座位上，而我们都坐在二等舱。此外，他在机场通过安全检查也是一个大问题。因为任何坐轮椅的人都得通过金属探测门，而轮椅过不去。

只有一次，安全人员坚持要搜查他，我认为这有损尊严。但是我能想象史蒂芬的情形颇具危险性。事实上，我有一次就是把一盒雪茄藏在他的轮椅中而走私过关的。

当·佩奇

当霍金被选为皇家学会会员时，他是最年轻的会员。皇家学会在一两年后也选了查理王子，并邀请一些比较年轻的会员来伦敦。我没有去。可是简回来说，查理王子极爱史蒂芬的轮椅。史蒂芬喜欢旋转这个轮椅来炫耀。结果在他旋转时压到了查理王子的脚趾头。我希望王子的脚趾头依然无恙。我想这是我和查理王子共同的经验。我们俩都被史蒂芬的轮椅压过。

史蒂芬·霍金

1991年3月5日，星期二晚上，大约10点45分，我在去往松林公寓的归途中。天黑又下雨。轮椅的前后都安有自行车灯。我上了格兰治路并且看到了汽车的灯光向我趋近，可是我判断它们还很远，我还来得及安全过马路。然而这车子一定行驶得非常快，当我刚好到达路的中间时，护士惊叫起来：“小心！”我听到了轮胎刹车的声音，而我的轮椅后面受到了极其猛烈的冲击。

我跌落到路上，我的腿还停在轮椅的残骸上。这次事故毁了我的轮椅，并且破坏了我借以沟通的电脑系统。我的左上臂骨折，我的头被划破，需要缝13针。

48小时之后，他回到办公室工作。

伊莎贝尔·霍金

他的确不相信自己在任何方面和其他人有何不同。如果他能做到，则任何人也能做到。这就是为什么他的书不是一本给专家看的书。我是说，他的读者是任何人，而且他相信任何人都能理解。他相信我能理解。我想这有点过于乐观。但是他真心相信这一点。

克里斯多福·伊宣蒙

正常情形下，你在做理论物理研究时，只需要在你面前放一张纸，在上面涂涂写写，然后想一想再继续涂涂写写。我扔到纸篓中的和记到笔记中的消耗率，大概是10：1。

而史蒂芬当然必须在他头脑中进行这一切。他论文最引人注目的是：他是真正地贯注于关键处，而不像我们一些人那样，受相关细节的诱惑。他使用时间非常有效率。他尽可能用最简单的方法，这在物理学中当然是很高明的。

我想，他的疾病在某种意义上对他的工作方法具有直接的影响。

当然，其他明显的影响，是和科学家朋友沟通变得很困难，这对他来说一定是十分沮丧，对我们也是这样。你不好直接上前问他："看这个，我对这不理解。你看，你的论文中有一些问题，还有……"如果你这么做，他就得花大半天宝贵的时间才能给你恰当的回答。这明显地妨碍了科学交流。

我们在理论物理界有一种很有效率地传达研究成果的办法：我们相互寄预印本。只要读史蒂芬所写的，就能对他所做的研究有透彻了解。我认为他在许多方面使自己几乎像没有残疾那样工作。你确实不能从他工作的任何阶段，找到他正和可怕疾病搏斗的迹象，也许除了他发展出来一种特别清晰的风格之外。

我想，如果你有任何形式的残障，你会倾向于自我沉思。如果你是内向的人，这肯定对研究理论物理有利。理论物理实在是一种寂寞的工作。虽然人们有时两个人或三个人成组工作，但一天结束后，你必须独自坐下，伴随着一叠纸，进行自己的研究。

我想，史蒂芬的残疾鼓励他在特别适合应用深入思维的科学领域做研究，而不仅是处理一大堆繁琐计算。例如，有许多基本粒子物理的分支，一点研究就会牵涉到非常复杂的计算，不管是在纸上还是用电脑，都是大量的工作。很清楚，史蒂芬没有深入这类研究就是因为这个原因。相反地——尤其在近年，他有意深入研究那些需要专心思考的题目。他当然会讨论到形而上学的方面。他非常努力地思考它，还有关于量子力学基础以及它们如何和他的研究相关。在那个意义上，人们也许可以了解他的疾病如何使他更向内心集中注意力。

珍娜·韩福瑞

时间在霍金的理论中如此重要，我想这一点是意味深远的。一定是史蒂芬用他自己的经验来解释他的观点。我对史蒂芬过去的模样的记忆仍然是生动如昔。他总是好动，他喜欢动作和富有表情。但是这些都只成回忆。我最近找到了一些照片，使我想起了每个人大概的样子。我真的认为史蒂芬过去的模样和现在很相像。

伊莎贝尔·霍金

他非常强烈地相信人类头脑拥有几乎无限的可能性。你必须先找到那些超出你能力的，你才知道什么是办不到的，所以我根本不认为思想要受任何限制。为何你不应该继续思考不可思议的东西呢？总要有人先开始吧！ 1世纪前多少事情是不可想象的？当时一定也有人思

考过，然而那些想法多半被认为很不切实际。史蒂芬说的一切，不太可能全被当作绝对真理。他是探索者，他在寻求事物。如果有时他说没有意义的话，我们不也都会这样吗？关键在于，人们必须思考，必须不停地思考，必须尽力扩展知识的边界，然而人们有时候不知道从何开始，不知道什么地方是边界，也不知道何处是起点。

约翰·惠勒

7月，有一天早上5点30分，在新墨西哥州的沙漠上，人们首次把一颗恒星放到地球上。1945年，那一点物体的行为和人们预期的一模一样。这为我们知道如何预言以及我们的理论是正确的提供了美妙的证据。

这超出了地球人类所有的经验。然而人们也可以说，爱因斯坦预言的宇宙的膨胀，是如此之荒谬，以至于在开始时连他本人都不能相信。这是最伟大的证据，表明人类具有这样的本领，即我们的理论是有效的，并能以超出我们原先意识到的威力来预言。我们曾经有过错误的理论，而科学界的好处是错误总会被发现。在从错误的理论中找出何处出错时，我们学会了某些新东西。

对我来说，围绕我们的世界，充满了古罗马人称为燃烧的世界城堡——人类知识的前沿。从基因如何起作用、生命如何繁殖、宇宙如何膨胀，直至黑洞如何吞没信息——所有这些不仅是科学的前沿，而且也是人类本身的前沿。依我的观点，现在我们仅是小孩，有这么多领域尚未被探索，这么多美妙事物有待揭示。我想，男女老幼都越来越意识到，现今我们正从事着人类最美妙的探险，就在此时此地探索着这些前沿。

史蒂芬·霍金

如果我们确实发现了一套完整的理论，它应该在一般原理上及时让所有人(而不仅是少数科学家)所理解。那时，我们所有人，包括哲学家、科学家以及普普通通的人，都能参加为何我们存在和为什么宇宙存在的问题的讨论。如果我们对此找到了答案，则将是人类智慧的终极的胜利——因为那时我们知道了上帝的精神。

语录

罗伯 · 白曼	“他显然是我所教的学生中最为优秀的。”
高登 · 贝瑞	“史蒂芬跌倒在楼梯上。”
白纳德 · 卡尔	“当史蒂芬和我在加州理工学院时，我们讨论过名望的性质。”
布兰登 · 卡特	“这是结束一个人生命非常刺激的方式。”
迈可 · 丘吉尔	“我忽然明白了，他是在鼓动我。”
诺曼 · 狄克斯	“有些舵手非常爱冒险，另外一些则非常稳重。”
詹姆 · 哈特尔	“任何超过12岁的人都知道，不存在确定性这回事，是不是？”
爱德华 · 霍金	“不管怎么说，因为这是我们的家，所以我们喜欢它。”
伊莎贝尔 · 霍金	“我们非常幸运，实在非常幸运。”
玛丽 · 霍金	“所以我总有印象，父亲们像候鸟。”
史蒂芬 · 霍金	“他们询问我未来的计划。我回答说要做研究。”
安东尼 · 赫维许	“谁会想到你会从天空接收到似乎是智慧的信号呢？”
弗雷得 · 霍伊尔爵士	“我宁愿去研究我认为可以解决的问题。”

珍娜·韩福瑞	“有一回他提议晚上跳苏格兰舞。”
克里斯多福·伊宣蒙	“你就得到这个没有过去的美妙图画——所以你真正能说的是宇宙存在。”
贝西尔·金	“我们用一包糖来打赌。”
雷蒙·拉夫勒蒙	“史蒂芬，我仍然得到原先的那个答案。”
约翰·马克连纳汉	“这个家庭就是会做那些古怪的事。”
因·莫斯	“我有一次就是把一盒雪茄藏在他的轮椅中而走私过关的。”
当·佩奇	“这是科学既不能证实也不能证伪的事体。”
罗杰·彭罗斯	“在穿过马路时，我得到某种观念，可是它在我头脑中被完全遮盖了。”
德瑞克·鲍尼	“有一天晚上我和他坐在那里，他问道：‘你读过约翰·但恩的哀歌没有？’”
派却克·沈德斯	“我在那时就很清楚，他对这课程比我了解得还多。”
邓尼斯·西阿玛	“我们跨出第一步之后便无法停止了。几乎每一年都有激动人心的新发现。”
约翰·泰勒	“当然你的手表或手腕都很悲惨地毁灭。”
基普·索恩	“他发展了一系列强有力的其他人都没有的工具。”
约翰·惠勒	“女孩是正常恒星，而男孩是黑洞。”
布里安·维特	“我们使用轮赌盘上转动的球来比喻。”

跋

高登·弗利曼
《时间简史》执行制作

有关《时间简史》电影和本书附注

《时间简史续编》的创作，是为了让《时间简史》的读者以及埃洛尔·莫雷斯所导演的摘录该书的纪录片的观众，对史蒂芬·霍金的生活和研究有一个清晰的了解。它包括称为《时间简史》的同名影片中的大部分资料，还有会晤、图解以及霍金教授自己的叙述。

霍金教授在本书前言中表示，他坚信关于宇宙的起源和命运的基本思想可以不用数学来陈述，而且没有受过科学教育的人也能理解。他在这一点上的成功是辉煌的，这已由该书在世界各地广受欢迎而得到证实，然而该书也可以说非常令人迷惑：史蒂芬·霍金以他写作的天赋和智慧使读者佩服，而其强有力的概念使读者渴望进一步了解科学以及作者。

这部电影和本书的创作动机，就是要更进一步探索这两方面。随着本书的进展，不仅游历霍金教授的世界，也游历了纪录片制作的世界。电影媒介让观众利用视觉来吸收人物的形象和复杂的观念，利用听觉来吸收声音和音乐。最有效地使影片成形并上演，是对影片制作者的挑战。用文字表达则有不同的挑战和要求。我们希望影片和本书能以不同的方式来回应渴望了解史蒂芬·霍金和他的研究的观众和读者。

筹划这部电影整整花了3年时间，总共耗资350万美元，而且得到罕有的激动人心的机会：去寻找形成史蒂芬·霍金个人宇宙和专业宇宙的那些人，并且把他们的洞察、意见和回忆编织成一幅完整的画像，当然还从霍金本人那里直接且详细地了解了许多。

当我们第一次找到霍金教授，要求制作《时间简史》电影时，我们察觉到一种关于在影片制作者和著名科学家之间合作的可以理解的焦急之情。但是在开始的一系列会面之后，紧张情绪就转变成强有力的工作关系。在剪接最紧张之时，为了完成影片的最后剪辑，史蒂芬·霍金和埃洛尔·莫雷斯在剪接室里待了好几个小时。

这次制作把霍金和他家庭的几个成员、他的合作者、终生的朋友以及一些世界上一流的科学家带到一块。莫雷斯让人们在讲故事或描述他们研究的过程时阐释自己的神奇能力，制作成成千上万英尺的影像记录。这些材料是如此丰富，很快就明显地感到有必要写成一部书。因为像这样经由访问构成叙述核心的影片只放映90分钟，它只能使用实际影像的一小部分。此外，霍金教授写了大量精彩的叙述，由于篇幅限制不能全部涵括。

这部书利用了几百小时的访问，包括了9个未收录到电影中的人。我们让史蒂芬·霍金更充分、更直接地谈论他的生活和研究。本书还包括有关参与者和科学概念的背景信息、家庭照片以及特德·巴发罗柯斯没有用到影片中的艺术作品。

正是遵循着把影片作为史蒂芬·霍金极其重要的研究和他生活忠实写照的同一宗旨，才形成了这部作品。这部书对于影片制作者而言，似乎也是一部真正的文献。这也是除了创作此影片的人以外的许多人的心血。拜坦姆的总裁和出版家林达·格雷、拜坦姆的资深编辑——安·赫雷斯，由于她们的耐心、勤奋和洞察，而值得特别感谢。金·斯通准备了文字，迈克尔·孟德尔逊为这本书做设计，他们的投入和负责精神值得赞赏。本书的经纪人阿尔·朱克曼是这一规划的忠诚工作者。我感谢参与埃罗尔·莫雷斯访问的27位人士，不仅由于他们的时间，而且也由于他们对电影和本书直率而启发性的贡献。本片的科学顾问悉尼·柯尔曼提供了极有价值的帮助。我们特别感谢史蒂芬·霍金的职员：许·梅西、安德鲁·丹、斯图亚特·贾米逊和约纳逊·伯伦奇利。

埃罗尔·莫雷斯，英格利亚电视执行制作柯林·厄文，电影的制作者、英格利亚电视的大卫·希克曼以及我本人愿对史蒂芬·霍金致以最崇高的谢意。我们为能有机会在电影中阐释他的研究和他为这部电影和这本书所贡献的智慧、亲切和热情而衷心感激。

小辞典

反粒子	每个类型的基本粒子都有同一类型的反粒子。当一个粒子和这样的一个反粒子相遇时，它们就湮灭，只留下能量。
原子	通常物质的基本单元。原子包含质子和中子的一个核以及围绕着核转动的电子。
大爆炸	当宇宙的一切都处于具有无限密度和温度的单独的一点时，在宇宙开端处的奇点。
大挤压	当宇宙的一切都坍缩到具有无限密度和温度的单独的一点时，在宇宙终结处的奇点。
黑洞	空间-时间的一个区域，因为那里的引力是如此之强，以至于任何东西，甚至光都不能从该处逃逸出来。黑洞是看不见的。然而，量子力学的不确定性原理允许粒子和辐射从黑洞漏出来。
经典力学	定律的一个系统，其中每个物体都有确定的位置和速度。现在它已为量子力学所超越，在量子力学中物体不具有确定的位置和速度。
宇宙线	从太空来的高能物质粒子，它以接近于光速的速度运动。
宇宙学	对整个宇宙的研究。

电子	一种通常绕着原子核公转的基本粒子。它属于叫做轻子的低质量物质粒子族，它具有1个单位的负电荷。
基本粒子	不具有任何内部结构的粒子。它们可以归类于物质粒子和携带力的粒子两种范畴。
熵	一个系统的无序度的量度。按照热力学第二定律，它必须永远增加。
事件视界	黑洞的边界。一旦越过这个边界，就不可能从黑洞逃逸。
频率	对于一颗光子，这是和该光子相关联的电磁场的变化率。光子的频率越高则能量越大。
伽马射线	一种极高能量的光子，它可由核反应或在宇宙早期形成的低质量的"太初"黑洞发射出。典型的伽马射线的波长为0.0000000001米。
广义相对论	爱因斯坦的第二种相对性理论(1916年)。该理论认为引力是由空间-时间几何(也就是不仅考虑空间中的点之间，而是考虑在空间和时间中的点之间距离的几何)的畸变引起的，因而引力场影响时间和距离的测量。
霍金辐射	从黑洞的事件视界发射出来的基本粒子和辐射。黑洞越小，则霍金辐射的量越大，而黑洞收缩得越快，随着黑洞最终蒸发并消失引起一个巨大的爆炸。
虚时间	方程式中的时间变量被当作虚数处理的思想。虚数是 -1的平方根的倍数。
暴涨	被认为在极早期宇宙发生的加速膨胀的时期。
微波	波长大约为1厘米的辐射。

微波背景辐射　在宇宙的所有方向传播的电磁谱微波区域的辐射。这种背景辐射是由大爆炸引起的巨大的热量的残余，因此它被认为是该理论的一个证实。

中子　一种不带电荷的、通常可在原子核中找到的非基本粒子。它由被称为夸克的基本粒子构成。

中子星　一种非常致密的恒星，它的力强到足以使原子中的大部分电子和质子结合成中子。

无边界设想　空间和虚时间一起形成一个范围有限但是没有边界或边缘的曲面的设想。在这个设想中，空间-时间像是地球的表面，只不过多了两维而已。

光学望远镜　使用人眼可见光形成恒星和星系的像的望远镜。

光子　光的基本粒子或量子。

太初黑洞　在大爆炸后很短的时间内形成的黑洞。

质子　通常在原子核中找到的非基本粒子。它带有1个单位的正电荷。它由被称为夸克的基本粒子构成。

脉冲星　旋转中子星。当它的磁场和围绕的磁场相互作用时，就发射出射电波的脉冲。

量子引力　把量子力学和广义相对论结合在一起的理论。

量子力学　一种理论系统。其中粒子不具有准确定义的位置和速度，在许多方面的行为和波动类似，诸如光的波动在许多方面类似粒子。

类星体　和恒星类似的物体。被认为由一颗巨大的旋转黑洞和正在大量地降落上去的物质组成。在物质落到黑洞里面之前，会变得

	非常热并发射出大量能量。类星体极其遥远，但是由于它们的功率这样强大，因此仍然能被观测到。
射电望远镜	一种描绘出诸如类星体和射电星系的射电源在天空位置地图的望远镜。
射电波	电磁场的波动。和可见光波类似，但是具有长得多的、数量级为几米而不是几厘米的波长。
热力学第二定律	该定律说，宇宙中的无序度的量度或者熵随时间增加。它和其他定律的不同之处在于，它不总是真的，但几乎总是真的，它还依赖于宇宙从一个有序的状态起始。
奇点	空间-时间的具有无限曲率的一点，空间-时间在该处完结。经典广义相对论预言奇点将会发生，但由于理论在该处失效，所以不能描述在奇点处会发生什么。
空间-时间	相对论中的宇宙的四维描述。它把空间的三维和时间的一维统一在一起。在广义相对论中，弯曲的空间-时间被用来描述引力。
狭义相对论	爱因斯坦的第一种相对性理论(1905年)。该理论认为光总是以常速率运动，不管它在何处运动，其速率是一个绝对常数。这个理论把空间和时间统一成一个平坦的、四维的空间-时间，但是它没有描述引力的效应。
稳态理论	一种现在受到普遍怀疑的宇宙学理论。该理论认为在存在的星系之间的膨胀空间中新物质会产生出来。
热力学	物理学中有关热和能量的其他形式的分支。
不确定性原理	该原理陈述，人们永远不能同时精确得知一个粒子的位置和速度，越精确知道其中的一个，则越不精确知道另外的一个。

虚粒子	量子力学的不确定性原理允许宇宙中的能量于短暂时间内在固定的总数值左右起伏。起伏越大则时间越短。在这种能量起伏中产生的粒子称为虚粒子。当能量恢复时虚粒子湮灭。
波函数	描述在不同点找到一个粒子的概率的分布。
宇宙的波函数	描述在一定的时刻找到宇宙的不同形状的概率的分布。
白矮星	一种达到稳态的恒星，其质量没有大到使其引力足够强到引起向自身坍缩的程度。

图书在版编目（CIP）数据

时间简史续编 /（英）史蒂芬·霍金著；吴忠超，胡小明译．— 长沙：湖南科学技术出版社，2018.1
（2024.4重印）
（第一推动丛书．宇宙系列）
ISBN 978-7-5357-9457-4
Ⅰ．①时… Ⅱ．①史… ②吴… ③胡… Ⅲ．①宇宙学—普及读物 Ⅳ．① P159-49
中国版本图书馆 CIP 数据核字（2017）第 213925 号

著作权合同登记号 18-2000-031

SHIJIAN JIANSHI XUBIAN
时间简史续编

著者
［英］史蒂芬·霍金
译者
吴忠超 胡小明
出版人
潘晓山
责任编辑
李永平 吴炜 戴涛 杨波
装帧设计
邵年 李叶 李星霖 赵宛青
出版发行
湖南科学技术出版社
社址
长沙市芙蓉中路一段416号泊富国际金融中心
http://www.hnstp.com
湖南科学技术出版社
天猫旗舰店网址
http://hnkjcbs.tmall.com
邮购联系
本社直销科 0731-84375808

印刷
湖南省众鑫印务有限公司
厂址
长沙县榔梨街道梨江大道20号
邮编
410100
版次
2018 年 1 月第 1 版
印次
2024 年 4 月第 8 次印刷
开本
880mm×1230mm 1/32
印张
6.125
字数
124000
书号
ISBN 978-7-5357-9457-4
定价
39.00 元